행복한
과학자의
영어 노트

행복한 과학자의 영어 노트
ⓒ 김형근 지음, 2011

2011년 1월 21일 1쇄 찍음
2011년 1월 28일 1쇄 펴냄

지은이 | 김형근
펴낸이 | 강준우
기획편집 | 문형숙, 박김문숙, 이동국, 이연희, 이혜미
디자인 | 이은혜, 임현주
마케팅 | 박상철, 이태준
관리 | 김수연

인쇄 및 제본 | 대정인쇄공사
펴낸곳 | 인물과사상사
출판등록 | 제17-204호 1998년 3월 11일

주소 | (121-839) 서울시 마포구 서교동 392-4 삼양E&R빌딩 2층
전화 | 02-325-6364
팩스 | 02-474-1413

www.inmul.co.kr | insa@inmul.co.kr
ISBN 978-89-5906-174-7 43400

값 10,000원

행복한 과학자의 영어 노트

김형근 지음

이야기 속의
과학을 찾아서

Science is not in the atom, but in the story.

과학은 원자에 있는 것이 아니라 이야기 속에 있다.

어떻게 보면 과학을 전공한 한 미래학자의 평범한 이야기일 수도 있습니다. 그러나 저는 바로 이 말이 과학의 핵심을 찌르는 위대한 명언이라고 생각합니다. 많은 사람들이 과학의 본질은 실험실 안에, 혹은 학자의 연구노트 안에만 존재하는 것이라고 생각하지만, 그것은 잘못된 생각일 수 있습니다. 그렇다면 진정한 과학은 어디에서 찾아야 할까요? 우리는 그것을 찾을 수 있을까요?

대학에서 정치외교학을 전공한 제가 과학저술에 몸을 담은 지 벌써 6년이 지났습니다. 그동안 과학저술가, 혹은 과학칼럼니스트라는 이름을 달고 1년에 원고지 5,000장이 넘는 글을 써왔으니 이제 과학기사에는 이골이 날 만도 한데 지금도 글을 시작하려면 늘 실수하지 않을까 하는 걱정과 두려움이 앞섭니다.

그러나 한 가지만은 자신해도 좋지 않나 하는 생각을 해봅니다. 적어도 과학에 관한 이야기를 전달하는 데는 연구실의 과학자보다 더 나을 수도 있다는 점 말입니다. 저는 과학자는 아닙니다. 과학에 얽힌 이야기를 전하는 사람일 뿐이죠. 그래서 과학저술가, 과학칼럼니스트라고 불리는 것보다 사이언스 스토리텔러science storyteller라고 불리는 것이 더 맞지 않을까 하는 생각도 합니다.

저는 과학은 방정식이나 원소기호, 원자에 있는 것이 아니라 상상력과 호기심을 자극시킬 수 있는 이야기, 스토리에 있다고 생각합니다. 물론 방정식과 원자가 위대한 과학을 만듭니다. 그러나 그러한 방정식과 원자를 탄생시키는 것은 바로 스토리입니다. 과학자가 지닌 남다른 상상력, 그리고 그가 가진 이야기 속에서 인간의 역사를 바꾼 과학이 태어난 것은 아닐까요? 이는 단순한 추측만은 아닙니다. 지난 6년 동안 많은 글을 쓰고, 노벨 과학상 수상자들과 미래학자 등 세계 유명 석학들을 만나면서 터득한 하나의 깨달음이기도 합니다.

"Imagination is more important than knowledge. For knowledge is limited to all we now know, and understand, while imagination embraces the entire world, and all there ever will be to know and understand. 상상력은 지식보다 중요하다. 왜냐하면 지식은 우리가 현재 알고, 이해하는 모든 것에 국한될 뿐이다. 그러나 상상력은 모든 세계를 받아들일 수 있기 때문이다. 그리고 앞으로 알고 이해해야 할 모든 것들이 거기에 있다."

알버트 아인슈타인의 말입니다. 과학에 대해 갖고 있는 그의 철학이 담긴 말이죠. 두고두고 음미해 볼 만한 지적 아닌가요? 바로 이러한 철학 속에서 위대한 상대성이론이 나온 것일 테니 말입니다.

이 책은 과학창의재단이 운영하는 인터넷 과학신문 『사이언스타임스(www.sciencetimes.co.kr)』에 연재된 칼럼을 바탕으로 쓰였습니다. 세 명의 과학자가 들려준 주옥같은 명언들을 기초로 그들의 세계를 살피고, 더불어 주요한 말들을 영어 원문으로 읽으면서 영어 문장에 대한 이해도 높일 수 있도록 기획된 책입니다. 영어공부도 하면서 그들의 철학을 읽을 수 있다면 좋겠다는 생각에서 이렇게 만들어지게 되었습니다. 보다 실질적인 도움이 될 수 있도록 어려운 단어나 숙어들은 따로 소개했습니다.

여러분은 과학자들을 담은 책에 어려운 공식이나 과학적 지식의 나

열이 전혀 없다는 사실에 다소 놀라게 될지도 모릅니다. 이 책은 과학자의 업적을 나열하고 과학적 지식 자체를 전달하기 위해 쓰인 것이 아닙니다. 과학 자체보다는 그 주변의 이야기, 업적 자체보다는 그 앞뒤를 채운 이야기를 전하려는 책입니다. 과학자의 철학이 담긴 명언들을 통해 과학자의 내면에 숨겨진 사상의 숨결을 느끼고자 펴낸 책입니다.

이 책을 통해 여러분은 과학을 눈물 날 정도로 아름다운 시로 승화시킨 칼 세이건과 불굴의 과학적 열정으로 장애를 극복해 낸 스티븐 호킹을 만나게 될 것입니다. 또한 진화생물학자로 수년 전부터 세간의 관심을 모으며 '제2의 다윈의 불도그' 라 불리는 리처드 도킨스도 만날 겁니다. 문학적 상상력, 위대한 열정, 그리고 세계에 대한 회의를 통해 과학의 새 지평을 연 세 사람의 이야기가 그간 여러분이 과학에 대해 지녀온 딱딱한 생각을 떨치고 더 넓은 시선으로 일상 속의 과학과 만날 수 있는, 밑거름이 되길 바랍니다. 그것이 우리 시대에 새롭게 요구되는 통섭統攝이 아닐까요?

영문과 함께 실린 데다 또 웬만하면 직역에 가깝게 번역하려다 보니 깔끔하지 않은 부분이 보일 수 있을 겁니다. 어쩌면 실수한 부분도 있을지 모릅니다. 언제든 여러분의 질책을 받을 준비가 돼 있습니다. 어떤 질책이든 달게 받아들이겠습니다.

위대한 업적을 이루어 낸 과학자에게는 항상 위대한 철학이 있었습니다. 과학을 전공한, 또는 전공하려는 이에게, 그리고 과학에 대해 작은 관심을 가진 이들에게 이 책이 과학과 과학에 대한 철학을 새롭게 인식하는 계기가 되었으면 좋겠습니다.

마지막으로 제가 좋아하는 명언 하나를 소개하려고 합니다.

Science without conscience is the ruin of the soul.
양심을 동반하지 않는 과학은 영혼을 파괴할 뿐이다.

과학보다 더 중요한 것은 영혼, 그리고 생명입니다. 과학자들이 보여주는 삶의 철학을 통해 아름다운 영혼, 생명과 사귈 수 있길 바랍니다.

2011년 봄의 초입,
명륜동 자락에서

김형근

차례

우주 시대를 연
무한한 상상력

칼 세이건

1934년 11월 9일~1996년 12월 20일.

미국의 천문학자, 천체화학자이자 작가로 천문학, 천체물리학 그외

자연과학을 대중화하는 데 힘쓴 과학 대중화 운동가이다.

Carl Edward Sagan

창의력과 상상력으로
우주시대를 열다

"The size and age of the Cosmos are beyond ordinary human understanding. Lost somewhere between immensity* and eternity* is our tiny planetary home. In a cosmic perspective*, most human concerns seem insignificant, even petty. And yet our species is young and curious and brave and shows much promise. 우주의 크기와 나이는 평범한 사람의 이해 너머에 존재한다. 우리 인류의 조그마한 집 지구는 거대하고 영원한 우주 사이에서 (길을 잃고 헤매는) 조그마한 행성에 불과하다. 우주적인 관점에서 볼 때 인간의 관심사란 무의미하며 보잘것없다. 그러나 우리 인류는 (우주에 비해) 젊고, 호기심이 있으며 용감하다. 그래서 많은 가능성이 있다."

●
immense 광대한, 거대한(=huge). 멋진 굉장한. immense job 멋진 일, 대단한 일.
eternal 영원한, 영구한(=everlasting), 불후의, 영원불변의(=immutable). 끝없는, 끊임없는(=incessant).
the Eternal(=God, 하느님).
perspective 시각, 견지, 관점, 사고방식.

칼 세이건의 유명한 저서 『코스모스Cosmos』에 나오는 이야기입니다.

미망인 앤 드류안은 우주여행사업에 전념

천문학자 칼 세이건. 이름만 들어도 감동이 뭉클 전해 오는 과학자입니다. 지난 2008년 5월 국내 모 방송국이 주최한 국제학술대회에서 세이건의 미망인 앤 드류안을 만날 기회가 있었습니다. 천문학자이자 작가인 그녀는 현재 우주여행사업에 헌신하고 있습니다.

공식 기자회견이 끝난 후 개인적으로 그녀를 만나 '타계한 남편에 대해서 좀 이야기해 달라'고 하자 대답이 걸작이었습니다. "남편에 대해서는 저보다 당신이 더 잘 알 텐데요? 부부간의 사생활에 대해서 말해 달라는 이야기인가요?"

어리둥절해하는 나에게 그녀는 "농담이었다"고 사과한 뒤 친절하게 답변해 주더군요. 현재 자신이 참여하고 있는 우주여행사업 역시 세이건의 뜻이었고 남편과 관련된 내용들을 다시 모아 책으로 더 내 볼 생각을 하고 있다는 말을 전했습니다. 또 재단을 만들 생각도 하고 있다고 하더군요.

앤 드류안도 남편 못지않게 유명한 학자입니다. 세이건의 저술 가운데 상당수는 드류안과 함께한 공동 작품입니다. 금슬이 상당히 좋은 부부 과학자이자, 부부 저술가라고 할 수 있습니다.

칼 세이건은 누구인가? 하는 질문에 제가 대답한다면 이렇게 말하고 싶군요. 부당한 과학에 과감하게 맞서서 대항했고, 과학을 공유하기 위해 노력했고, 창의성과 상상력으로 새로운 과학을 탐구한 지극히 인간적인 과학자라고 말입니다.

"우주를 논하지 않고 지구를 논할 수 없다"

지구의 미래가 불투명하다고 걱정들을 합니다. 환경오염도 문제이고, 지구온난화도 문제라고 말입니다. 머지 않은 미래에 석유를 비롯한 각종 자원이 고갈될 것이라는 이야기도 있지요. 그러나 걱정만 한다고 지구의 미래를 알 수 있는 것은 아닙니다. 불확실한 미래를 앞두고 있는 우리에게 필요한 것은 걱정이 아니라 세계의 현재, 우주의 오늘을 바라보는 통찰력 아닐까요? 『코스모스』에 나오는 이야기 한 토막을 읽어 보죠. 현재의 과학과 함께 미래를 내다보는 칼 세이건의 통찰력이 담겨 있습니다.

"In the last few millennia* we have made the most astonishing and unexpected discoveries about the Cosmos and our place within it,

---

millennium 천 년(복수형 millennia). * 종교적인 의미로 새로운 천 년이란 한 시대가 완전히 끝나고 신이 새롭게 세상을 다시 만드는 새로운 시대의 출발을 뜻한다.

explorations that are exhilarating* to consider. They remind us that humans have evolved to wonder, that understanding is a joy, that knowledge is prerequisite* to survival. 지난 몇 천 년 동안 우리 인류는 우주와 그 우주 속에 있는 지구에 대해 가장 놀랍고도 의외의 발견을 이룩했다. 우주탐험이라는 그야말로 기분 좋은 발견이다. 이는 우리가 경이감을 따라 진화해 왔으며, 안다는 것이 기쁨이며, 또한 지식이야말로 생존에 필요한 전제조건이라는 것을 상기시켜 주었다."

세이건은 그래서 이런 결론을 내립니다.

"I believe our future depends on how well we know this Cosmos in which we float like a mote* of dust in the morning sky. 나는 우리가 아침 하늘의 먼지 속 티끌처럼 떠다니는 이 우주에 대해 얼마나 잘 알고 있느냐에 우리의 미래가 달렸다고 믿는다."

우주가 과연 우리에게 무엇을 물려줄 것인지는 장담할 수 없는 일입니다. 그러나 벌써부터 우울한 눈으로 미래를 걱정하는 것은 너무 성급한 판단인지도 모릅니다. 이미 우리는 미지의 세계, 우리에게 밀접하게 다가오는 우주를 도외시한 채 과학과 현실을 이야기할 수 없는 시점에

●
exhilarate ~의 기분을 들뜨게 하다, 유쾌[쾌활]하게 하다. exhilarant 기분을 유쾌하게 하는, 흥분제.
prerequisite 미리 필요한, 전제가 되는(~to, for). 전제조건, 필수과목.
mote 티끌, (공중에 떠다니는 한 점의) 먼지, 미진(微塵). 결점. a mote in another's eye 다른 사람의 작은 결점.

와 있습니다. 그것이 세이건의 지적이기도 합니다.

사실 우주에 대한 무지가 문제가 되는 것은 비단 과학자에게만 일어나는 일이 아닙니다. 평범한 사람들조차 이제 우주에 대한 지식 없이는 커뮤니케이션이 어려운 시기가 돼 버렸습니다. 이제 블랙홀을 모르고, 빅뱅을 모르면 이야기 속에 낄 수가 없는 시대가 왔습니다. 우주과학은 과학을 넘어 우주 이야기로 변해 버렸고 문화로 자리 잡았다고 해도 과언이 아닙니다.

많은 과학자들이 그러한 업적을 이루는 데 한몫을 했지만 세이건 만큼 큰일을 한 사람도 드물 겁니다. 그래서 사람들은 세이건을 천문학 대중화public understanding of cosmology에 가장 많이 기여한 과학자로 꼽습니다. 어렵고 심오해서 오직 천문학자들만이 접근할 수 있었던 우주과학과 천문학을 인간의 평범한 문화로 자리 잡게 하는 데 결정적인 역할을 한 사람이 바로 너무나도 인간적인 과학자 세이건이라는 것입니다.

아마 20세기를 통틀어 현대사회에 세이건만큼 영향을 끼친 과학자도 드물 겁니다. 그렇다고 그가 아주 독특하고 창의적인 무언가를 발견한 것은 아닙니다. 훌륭하고 놀라운 이론을 제시해 세상을 깜짝 놀라게 한 것도 아닙니다.

세이건은 무한한 상상력과 우주에 대한 사랑을 통해 과학이 무엇인지를 일깨워 준 과학자입니다. 그 과학을 통해 우리가 앞으로 어디로,

무엇을 향해 나갈 것인지 가르쳐 준 훌륭한 교육자이기도 했습니다. 그는 또한 과학에서 상상력과 창의성이야말로 가장 중요한 과제라는 것을 일깨워 주었습니다. 영화 〈E.T〉나 〈에일리언〉으로 상징되는 우주생물학astrobiology, 또는 외계생물학exobiology의 선구자이기도 합니다.

인류가 착륙했던 달이나 화성에서도 생물체가 발견된 적이 없는데 웬 우주생물학이냐고요? 실질적인 대상도 없는데 웬 외계생물학이냐고요? 사실 그렇게 주장하는 학자들도 있습니다. 결코 틀린 말은 아닙니다. 아직 아무것도 증명된 적이 없으니까요. 하지만 '없다'고 단정하고 나면 '미지'는 사라져 버립니다. 그것은 곧 '무언가 존재할 수도 있다'는 가능성이 사라진다는 의미이기도 합니다. 증명된 적도, 본 적도 없으므로 존재를 부정한다면 우리는 다른 세계를 만날 수 없을 것이고 따라서 새로운 발견도 더 이상 어려워질 겁니다. 모든 것을 부정해 가능성을 막음으로써 미래의 발견을 향해 열린 문을 닫는 것은 너무 어리석은 일 아닐까요?

그래서 세이건과 같은 과학자가 있는 겁니다. 그렇게 주장하는 사람들의 사고 영역을 넓혀 주고 기존의 질서와 사고에만 집착하는 도그마(dogma, 독단적 신념이나 학설)에서 벗어나 새로운 지평을 열어 준 것이 우주생물학, 외계생물학이고 그 중심 인물이 바로 칼 세이건입니다.

"상상력 없이는 어디로도 갈 수 없습니다"

세이건은 저서 『코스모스』에서 상상력의 중요성을 간단하고 명료하게 다음과 같이 설명합니다.

"Imagination will often carry us to worlds that never were. But without it we go nowhere. 상상력은 종종 우리를 과거에는 결코 없었던(잘못된) 세계로 인도할 수도 있다. 그러나 상상력 없이 갈 수 있는 곳은 아무 데도 없다."

세이건은 상상력의 중요성을 강조했던 만큼 스스로 상상력을 잘 활용한 사람이기도 했습니다.

"In the vastness of space and the immensity of time, it is my joy to share a planet and an epoch* with Annie. 무한한 공간과 영원한 시간에 묻혀 애니와 함께 행성을 찾아다니고 시간을 따라가면서 이야기를 같이 나누는 것이 나의 즐거움이다."

애니Annie가 누구냐고요? 애니는 앤(Ann 또는 Anne)의 애칭입니다. 사랑하는 아내 앤 드류안을 일컫는 말이죠. 같이 천문학을 공부했고, 그야

●
epoch 신기원. make〈mark, form〉 an epoch 하나의 신기원을 이루다. 신시대(=period). move into a new epoch 새로운 시대로 들어가다. 중요한 사건, 획기적인 일.

말로 마음이 통하는 아내와 무한한 공간과 시간을 오고 가며 밀담을 나누는 게 꿈이라는 이야기입니다.

애니는 영어권에서 여자이름으로 가장 많고 흔한 이름입니다. 어쩌면 세이건이 말하는 애니는 아내의 이름인 동시에 우주 곳곳에 사는 귀여운 소녀들을 일컫는 말이 아닐까요? 외계인을 포함해서 말이죠. 영화 속에 나왔던 ET의 종족 중에는 소녀도 있을 테니까요. 세이건은 우주 어느 한구석 우물가에서 물을 긷고 있는, 아니면 공부 좀 못했다고 부모님께 야단맞아 홀쩍홀쩍 울고 있는 애니라는 소녀와 다정하게 마주 앉아 위로도 하고 재미있는 이야기도 나누고 싶다고 이야기한 것일 수도 있습니다. 어디까지나 추측일 뿐이지만 말입니다.

꼭 외계인을 지칭한 것은 아니겠지만 세이건의 이야기는 현실적인 과학이 비현실과 만나 조화를 이루는 순간을 고대한다는 말로 들립니다. 현실과 비현실이 만나는 장소, 아마 그곳이 우주라는 생각이 드는군요. 어쨌든 세이건은 결코 외계인의 존재에 대한 믿음이 비현실적인 것도 아니고, 또 비과학적이지도 않다고 강하게 주장합니다. 그래서 이렇게 이야기하죠.

"Absence of evidence is not evidence of absence. 증거가 없다고 해서 없다는 증거는 아니다."

"깊은 회의와 그에 대한 해답에서 훌륭한 과학이 나와"

"If we long for* our planet to be important, there is something we can do about it. We make our world significant by the courage of our questions and by the depths of our answers. 만약 우리의 지구가 중요해지길 바란다면 할 일이 몇 가지 있다. 우리는 의문을 던질 수 있는 용기와 의문에 대한 심도 있는 대답을 통해 우리의 세계를 더욱 의미 있게 만들 수 있다."

- 「코스모스」

훌륭한 철학이 그렇듯이 훌륭한 과학 역시 많은 의문과 그에 대한 대답에서 탄생합니다. 심지 깊은 질문과 수많은 회의懷疑가 수반되지 않는다면 불가능한 일이죠. 그것이 상상력입니다. 그 상상력이 새로운 생각, 즉 창의성으로 이어질 때 훌륭한 과학이 탄생합니다.

세이건은 우주를 향한 상상력, 탐구심의 중요성을 설파했지만 그렇다고 해서 지구를 조그맣고 보잘것없다며 우습게 생각한 것은 아니었습니다. 그는 지구를 가장 사랑한 과학자였습니다. 외계생물체의 존재를 주장함으로써 오직 인간만이 최고라고 생각하는 인간의 오만과 독선에 경종을 울렸던 것입니다.

우리는 인류의 역사를 통해 자신의 종족, 종교, 신념만이 신이 만들

●
long for 원하다, 바라다(=desire, aspire, wish for, yearn for). 기대하다(=hope, expect, look forward to).

고 선택한 유일한 것, 최고의 것이라는 오만에 빠졌을 때 얼마나 불행한 일이 벌어졌는지를 잘 알고 있습니다. 그러한 오만은 수많은 분쟁과 불화를 낳았고, 그로 말미암아 무수히 많은 생명이 희생됐습니다. 서로 증오하고, 또한 파괴하는 신념은 추악한 것이지 아름답고 좋은 것이 될 수 없습니다. 인간의 오만과 독선을 경계하는 것은 그래서 중요하고 아름다운 일입니다.

창의력,
사고의 지평을 열어라

"The truth may be puzzling. It may take some work to grapple*
with. It may be counterintuitive. It may contradict deeply held
prejudices. It may not be consonant* with what we desperately* want
to be true. 진리란 퍼즐과 같을 수도 있다. (퍼즐과 같은 진리를) 풀어 내려
면 노력이 필요하다. 진리는 어쩌면 우리의 직관과는 반대일 수도 있
다. 오랫동안 굳어 온 우리의 깊은 편견과 배치될 수도 있다. 또한 진리
는 우리가 진리일 것이라고 매달렸던 것과도 다를 수가 있다."

– 「회의적 질의자(Skepitcal Enquirer)」, 1995년

멋있는 이야기입니다. 칼 세이건이 꼬집고 있는 직관, 편견, 그리고
진리일 것이라고 간절히 원했던 것의 의미가 무엇인지를 잘 음미하면

●
grapple 잡다, 꽉 쥐다, 붙잡다. ~와 씨름하다, 싸우다〈with〉, 해결하기 위해 노력하다. grapple with the
new problem 새로운 문제를 풀려고 씨름하다.
consonant ~와 일치하는, 조화로운〈with, to〉, 공명하는, 협화음의(반대 dissonant). 자음(반대 vowel).
desperate 필사적인, (~을 하고 싶어) 못 견디는〈for, to do〉. desperate for a glass of water 물을 마시고
싶어 못 견디다. 절망적인, 가망성이 없는, 절망적인(=hopeless, critical). 막가는, 자포자기의. a desperate
criminal 막가는 흉악범. 극도의, 지독한. desperate poverty 아주 심한 가난.

서 읽어 보시기 바랍니다. 그의 광대한 우주철학과 비교해 보면서 말입니다.

"사고의 뚜껑을 열어야 창의성이 나온다"

21세기, 우리에게 가장 중요한 것은 창의력이라고들 합니다. 그것이 과학적 경쟁력이든 새로운 지식의 습득이든 간에 중요한 경쟁력으로 떠오르고 있습니다. 그동안 모방이 통했던 것은 사실입니다. 그러나 이제 그러한 시대는 지났습니다.

창의력을 발휘하는 것은 우리의 지평地平을 넓힐 때 가능한 일입니다. 이념이나 종교적 도그마에 갇힌다면, 기존의 전통과 관습 속에 머무른다면 창의력은 나오지 않습니다. 기존 사고의 뚜껑을 열고 그 범위를 넓혀야만 합니다. 세이건이 우리에게 던지는 화두가 바로 그렇습니다. 한 편의 시와 같은 그의 명언들 또한 그렇습니다.

"The Cosmos is all that is or ever was or ever will be. Our feeblest● contemplations● of the Cosmos stir us — there is a tingling● in the spine, a catch in the voice, a faint sensation, as if a distant memory, of falling from a height. We know we are approaching the greatest of

●
feeble 연약한, 허약한(=weak), (빛이) 희미한. 의지나 정신이 나약한[저능한]. feeble argument 설득력이 없는 주장, feeble[frail] build or constitution 체격이 빈약한, He has a feeble grip of my idea 그는 내 생각을 거의 파악하지 못하고 있다.
contemplate 심사숙고하다, 곰곰 생각하다(=consider). 명상하다, 묵상하다(=meditate). 기획하다, ~을 하려고 하다(=intend). contemplate a tour around the world 세계 일주 여행을 하려고 생각하다. contemplate resigning at once 곧 사표를 내려고 하다.
tingle 몸이 따끔따끔 아프다, 쑤시다, 아리다, 욱신거리다, (귀 등이) 욍욍 울리다. My fingers tingle with the cold 손가락이 시려서 아리다. The reply tingled in his ears 그 대답에 그는 귀가 따가웠다. (흥분 등으

mysteries. 우주는 현재 존재하며 과거에도 존재했고 미래에도 존재할 것이다. 우주를 아주 희미하게나마 응시하고 있노라면 우리의 마음을 흔들어 놓는다. 등골에 소름이 끼치며 목소리가 떨린다. 그리고 아득한 먼 옛날의 기억처럼 높은 데서 떨어진 듯한 아찔한 느낌에 사로잡히게 된다. 우리는 우리가 가장 위대한 신비에 다가가고 있다는 것을 안다."

– 「코스모스」

자연과 우주의 신비 앞에서 느끼는 감동을 종교적인 언어를 빌려 표현한다면 바로 이런 문장이 아닐까요? 유신론이든, 무신론이든, 그리고 범신론이나 불가지론도 결국 그들이 느끼는 감동은 자연과 우주의 신비 앞에 선 세이건의 그것과 크게 다를 바가 없을 겁니다.

대자연의 신비 앞에서 벌이는 창조론과 진화론의 결투라는 것이 얼마나 부질없는 싸움인가요? 세이건은 "저 우주를 봐라, 그리고 형형색색 아름다운 별들의 모습을 봐라. 그리고 그들이 뭘 하고 있는지 상상해 봐라. 모든 해답은 바로 거기에 있다!"라고 주장하는 겁니다.

"Who is more humble*? The scientist who looks at the universe with an open mind and accepts whatever the universe has to teach us, or somebody who says everything in this book must be considered the

로) 들먹들먹하다, 울렁울렁하다, 설레다. I was tingling with excitement 나는 흥분하여 안절부절못하고 있었다. 얼얼함, 따끔거림, 욱신욱신함, 흥분.
humble 겸손한, 겸허한(=modest). 소박한(반대 insolent, proud), 수수한(=shy). a humble request 겸손한 요구. 열등감의(을 느끼는). He felt humble in the presence of a world famous artist 세계적으로 유명한 예술가 앞에서 초라함을 느끼다. (신분 등이) 비천한, 낮은. a man of humble origin[birth] 미천한 집안에 태어난 사람, in a humble measure 부족하나마, in my humble opinion 사견으로 볼 때는. 비하하다, 천하게 하다. (자존심, 교만 등을) 꺾다(=degrade, humiliate).

literal° truth and never mind the fallibility° of all the human beings involved? 누가 더 겸허한가? 우주가 우리에게 가르치는 것이면 무엇이든지 마음을 열고 그 우주를 바라보는 과학자일까? 아니면 모든 것(진리)은 이 책 속에 있다며 문자 그대로 진리라고 간주하고 인간의 오류에 대해서는 결코 생각하지 않는 사람이 더 겸허한 것일까?"

– 찰리 로즈와의 인터뷰, 1996년

세이건은 인간이 속해 있는 거대한 우주에 대한 과학자의 사고와 주장을 막는 도그마를 꼬집고 있습니다.

찰리 로즈가 누구냐고요? 미국의 유명한 인터뷰 쇼 프로그램 진행자입니다. 또한 프로그램의 이름이기도 하지요. 세이건은 이 인터뷰를 통해 미신적 신념이나 종교적 아집에 일침을 가했습니다.

"과학이 겸허한가? 종교가 겸허한가?"

"I would love to believe that when I die I will live again, that some thinking, feeling, remembering part of me will continue. But much as I want to believe that, and despite the ancient and worldwide cultural traditions that assert an afterlife°, I know of nothing to suggest that it is

---

•
literal 문자 그대로의(반대 figurative). the literal meaning of a word 말의 문자 그대로의 의미. (번역·해석 등이) 원문에 충실한(반대 free). a literal translation 직역. 융통성 없는, 상상력 없는, 산문적인, 멋없는.
fallible 오류에 빠지기 쉬운, 정확하지 않은. fallible information 믿을 수 없는 정보.
afterlife 내세(來世), 사후(의 삶). Those ancient Egyptians were so obsessed with the afterlife, they tried to preserve their bodies forever 고대 이집트인들은 사후 세계에 대한 집착이 강해서 시체를 영원히 보존하려고 했다.

more than wishful thinking. 나는 죽고 난 다음 다시 살 수 있다고 믿고 싶다. 생각하고, 느끼고, 그리고 기억하는 나의 부분들이 영원히 계속됐으면 좋겠다. 나는 그렇게 믿고 싶은 만큼, 또한 사후死後의 세계에 대한 확신을 주는 고대와 문화적인 전통에도 불구하고, 그것이 단순한 소망일 뿐이라는 것 이상으로는 더 말할 것이 없다는 것도 안다."

- 「퍼레이드 매거진(PARADE Magazine)」, 1996년

세이건은 죽음을 앞두고 종교를 믿기를 권유하는 가족에게 "나는 단지 알고 싶을 뿐이지 믿지는 않는다"며 끝까지 무신론자로 남았다고 합니다.

사람들은 그를 회의주의자라고 부릅니다. 그런데 회의주의자란 무엇을 뜻하는 것일까요? '회의적인skeptical' 이라는 말은 '의심 많은, 남을 믿지 않는' 등의 뜻인데요, 일반적으로 의심이 많고 잘 믿지 않는다고 하면 삐딱하다거나 좋지 않다고 생각하곤 하지요. 하지만 의심이 많다는 것은 단순히 사람을 잘 못 믿는다는 것을 의미할 뿐 아니라 기존 개념, 다시 말해서 종교나 일반적으로 통용되는 지식과 신념 등에 의문이 많아 잘 믿지 않는다는 것 또한 뜻합니다. 즉, 단어 자체에 무신론이라는 개념이 아주 강하게 내포된 것이죠.

흔히 데카르트, 스피노자 등 근대 합리주의 철학자들을 회의론자, 회

의주의자라고 칭하는데요, 이때의 회의주의, 회의론이란 인간의 지식과 인지perception가 실제 참인지, 그리고 절대적 지식과 진실이 존재할 수 있는지를 체계적으로 검증하고자 하는 비판적인 철학 태도를 뜻합니다.

회의주의는 종교적 회의주의와 과학적 회의주의로 나뉩니다. 종교적 회의주의란 종교적인 주장에 대한 회의를 말하는 것이고, 과학적 회의주의란 과학 절대주의 혹은 과학적 방법론을 사용하지 않는 불가사의하고 초자연적인 주장 등에 대해 보이는 회의적인 태도를 의미합니다.

회의주의의 두 흐름 사이에 공통점이 보이지요? 즉, 초자연적인 주장이나 종교를 멀리하고 합리적이고 과학적인 태도로 사물을 보는 것 말입니다. 따라서 회의주의는 종교에 대해 비판적 태도를 보이기 쉬운데요, 기독교가 흠뻑 배어 있는 영어문화권에서는 무신론(atheism, 또는 atheist)이라는 말보다 회의론skepticism이라는 말을 더 많이 사용합니다.

다시 말해서 세이건에게 회의론자라고 하는 것은 과학과 합리주의에 의거한 무신론자를 의미한다고 생각하면 됩니다. 실제로 세이건은 가장 대표적인 과학적 회의주의자로 꼽히는 과학자기도 합니다. 무신론과 회의주의에 대해서 더 알고 싶으면 선생님에게 물어보시기 바랍니다.

회의주의란 무신론을 일컫는 말

"Advances in medicine and agriculture have saved vastly more lives than have been lost in all the wars in history. 인류 역사상 의학과 농업이라는 (과학의) 진보는 전쟁에서 죽은 사람보다도 더 많은 생명을 살렸다."

어떻게 보면 전쟁에서 많은 사람이 죽게 되는 것은 우리가 만들어 낸 과학기술 때문이라고 할 수 있습니다. 도구적 측면에서 과학기술은 이렇게 다양한 결과를 낳기도 합니다. 추위를 막아 줄 털도 외부의 위협에서 자신을 지킬 발톱도 없었던 인간이 수십 세기에 걸쳐 지구의 주인으로 우뚝 서게 된 것은 도구, 즉 과학기술을 사용할 줄 알았기 때문입니다. 그러나 도구란 그것을 어떻게 쓰느냐에 따라 완연히 다른 결과를 부릅니다. 어찌 보면 과학기술이란 양날의 검일지도 모르겠습니다. 그래서 세이건은 이렇게 지적하는 거죠.

"과학기술이 세계를 전쟁터로 만들어 수많은 인간을 죽이는 무기로 둔갑했다고 사람들이 비난을 가하지만 그래도 과학기술은 농업을 풍성하게 하는 등 인류에 이바지한 것이 더 많다."

독일 화학자 프리츠 하버를 아시는지요? 독가스 무기개발자라는 낙인이 찍혀 과학적 업적조차 제대로 평가받지 못하는 불행한 학자입니다. 그러나 그는 또한 질소비료를 만들어 20세기 농업혁명을 가져오는데 크게 이바지한 과학자이기도 합니다. "만약 20세기 초 하버가 질소비료를 발명하지 못했다면 세계 인구는 현재 지금의 반인 30억 명에 불과했을 것"이라는 평가가 있을 정도죠. 과학기술의 도구적 측면에 대해 다시 생각해 보게 하는 사례지요?

세이건이 과학기술의 좋은 점을 변호하기는 했지만 그렇다고 해서 그가 과학 만능주의를 부르짖었던 것은 아닙니다. 그는 누구보다도 인간과 인간성을 소중히 했고, 그래서 우주와 우주의 생명체까지도 사랑했다고 할 수 있습니다. 다음 글을 보실까요?

"We have designed our civilization based on science and technology and at the same time arranged things so that almost no one understands anything at all about science and technology. This is a clear prescription* for disaster. 우리는 과학과 기술을 기반으로 우리의 문명을 디자인했다. 동시에 과학과 기술에 대해 뭐가 뭔지 누구도 알 수 없게 만들어 놨다. 이는 재앙에 대한 명확한 처방이다."

– 안 칼로쉬와의 인터뷰, 1995년

무슨 말인 것 같나요? 세이건은 무신론자로 종교적 도그마를 꼬집었

prescription (의사가 약사에게 써 주는) 처방, 약방문, 처방 약. make up a prescription 처방전대로 조제하다. 명령, 지시. 시효(時效). negative[positive] prescription 소멸[취득] 시효, legal prescription 법정 시효.

지만 동시에 과학과 과학자들도 비판하고 있습니다. 과학이 질서없이 갈팡질팡 헤매고 있다는 이야기도, 본래의 사명에서 벗어났다는 이야기도 됩니다. 덧붙이자면 과학은 이제 사람 누구나 이해할 수 있는 것이 아니라 과학자들만의 전유물로 타락해가고 있다는 이야기도 됩니다. 도그마를 깨기 위해 나온 과학 또한 스스로 도그마에 빠지고 있다는 지적인 것이지요.

끊임없는 호기심으로
과학을 만나다

"History is full of people who out of fear, or ignorance, or lust for power have destroyed knowledge of immeasurable value which truly belongs to us all. 역사는 공포와 무지, 그리고 권력욕 때문에 우리에게 소중하게 간직된 무한한 가치의 지식을 파괴한 인간들로 가득 차 있다."

세이건이 세상을 향해 던지는 의미심장한 이야기입니다. 인류의 무한한 가치를 파괴한 사람들이 누군지를 생각해 보시기 바랍니다.

"과학기술의 홍수 속에 살지만……"
아인슈타인이 상대성이론 발견으로 유명한 과학자의 반열에 오르자 사람들은 그를 대단한 천재라고 부르며 칭송했습니다. 또 주위 과학자들도 그를 너무나 부러워했습니다. 그들은 그렇게 위대한 업적을 내려면 남들이 갖지 못한 특별한 재능이 있는 게 분명하다고 생각했습니다. 정말 그럴까요?

아인슈타인은 이렇게 대꾸합니다. "나는 특별한 재능을 갖고 있지 않다. 나는 오직 열정으로 가득 찬 호기심만 갖고 있을 뿐이다." 이처럼 호기심은 과학자들의 창의력과 사고력에 중요한 역할을 하는 거죠. 호기심과 상상력이 없이 위대한 과학이 탄생할 수 없다는 데 토를 다는 학자는 거의 없습니다.

인류학자로 고고학 유물 발굴에 타의 추종을 불허했던 메리 리키는 제대로 된 공식 교육을 받지 못했습니다. 그러나 그녀는 자신이 이룬 업적으로 옥스퍼드와 예일 같은 세계 유수의 대학에서 박사학위를 받았습니다. 아주 드문 일입니다.

"어떻게 여자의 힘으로 그렇게 위대한 유물들을 발견할 수 있습니까?"라는 질문에 리키는 주저하지 않고 이렇게 대답합니다. "호기심이죠. 인간을 인간답게 하는 것은 바로 호기심이 아닐까요?"

"We live in a society exquisitely° dependent on science and technology, in which hardly anyone knows anything about science

---

° exquisite 아주 아름다운, 더없이 훌륭한[맛있는], 최고의, 절묘한, 정교한, 섬세한(=delicate). an exquisite piece of music 절묘한 음악. a man of exquisite taste 섬세한 취미를 가진 사람. 예민한(=keen), 격렬한 (=acute). a man of exquisite sensitivity 아주 민감한 사람.

and technology. 우리는 너무나 과학과 기술에 의존하는 사회에 살고 있다. 그러나 과학과 기술에 대해 아는 사람은 거의 없다."

재미있는 지적이죠? 과학과 기술의 홍수 속에서 살면서 정작 과학과 기술에 대해 알고 있거나 관심을 기울이는 이가 없는 것이 바로 지금의 사회라고 꼬집고 있는 겁니다.

아마 호기심과 상상력으로 위대한 과학자가 된 사람이라면 칼 세이건도 빼놓을 수 없을 겁니다. 모든 과학이 호기심에서 비롯되겠지만 아마도 천문학만큼 호기심과 상상력을 요구하는 과학도 드물 겁니다. 그래서인지 유명한 천문학자들 가운데 상당수가 공상과학 소설가이며 개중에는 미래학자인 경우도 있습니다. 미래학자가 왜 등장하느냐고요? 미래예측에는 이제 우주과학을 빼놓을 수 없으니까요. 그만큼 우리의 일상에 가깝게 다가왔기 때문입니다.

2009년 3월 세상을 떠나 아쉽게 했던 아서 클라크는 공상과학 소설가로 유명합니다. 그러나 그는 우주과학의 미래를 정확하게 예측한 과학자로 통합니다. 우주정거장을 비롯해 위성통신 등 오래전 그가 예측한 바는 마치 족집게 도사의 예언처럼 확실하게 맞아 떨어졌습니다. 미래를 내다본 아서 클라크의 능력은 바로 호기심과 상상력에서 기인했다고 해도 과언은 아닐 겁니다.

"호기심과 상상력이 메말라 가고 있다"

그러나 세이건이 걱정하는 바는 그 호기심과 상상력이 점차 우리에게서 멀어져 가고 있다는 겁니다. 30~40년 전만 해도 사람들은 트랜지스터라디오마저도 신기하게 생각했습니다. 어린아이들은 아주 작은 사람들이 그 속에서 말을 하고 노래를 부른다고 생각했습니다. 수많은 아이들이 드라이버를 들고 트랜지스터를 분해했다가 다시 조립을 못해 부모한테 꾸중 맞았던 시기가 불과 몇십 년 전의 이야기입니다. 하지만 트랜지스터와는 비교가 안 되는 휴대전화에 과학적 호기심을 느끼는 사람들은 거의 없습니다.

트랜지스터 속에 조그마한 사람들이 있을 것이라는 호기심과 상상력. 그리고 그게 맞는지를 속 시원하게 풀어보기 위해 라디오를 분해했다가 야단맞은 아이. 세이건은 바로 그러한 마음속에서 위대한 과학이 탄생하고 미래가 시작된다고 주장합니다. 그래서 이런 말을 하는 거죠.

"I am often amazed at how much more capability and enthusiasm●
for science there is among elementary school youngsters than among
college students. 나는 대학생들보다 초등학교 학생들이 오히려 더 과학에 대한 열정과 능력을 가졌다는 것에 대해 종종 놀라곤 한다."

●
enthusiasm 열광, 감격, 의욕〈for, about〉. He shares your enthusiasm for jazz 그는 재즈에 너처럼 열광한다.

또 그는 이런 이야기도 남겼습니다.

"I can find in my undergraduate* classes, bright students who do not know that the stars rise and set at night, or even that the Sun is a star. 내가 가르치는 대학생들 가운데 똑똑한 학생들조차 별들이 밤에 뜨고 진다는 사실을 모르고 있다. 심지어 태양도 하나의 별이라는 사실을 모르는 학생도 있다."

세이건이 과학에 대한 초보적인 지식이 너무 부족한 제자들에게 화가 난 나머지 부풀려 한 이야기는 아닐까요? 여러분은 어떤가요? 사실 태양을 별의 하나라고 생각하는 학생이 그렇게 많을 것 같진 않습니다.

왜일까요? 태양은 지구가 속해 있는 태양계의 중심이기 때문에? 그리고 너무 밝기 때문에? 아니면 별들을 대부분 어둡고 깜박거리는 물체로만 생각한 나머지? 어쨌든 세이건의 지적은 별에 대한 지식이 공부를 하는 학생들에게조차 없다는 사실을 꼬집고 있습니다.

이런 반론도 나올 수 있습니다. 태양이 별이냐 아니냐를 안다는 게 무슨 의미가 있는가? 그 조그마한 상식이 당장 돈이 되는 것도 아닌데 말입니다. 그렇다면 세이건은 이렇게 물을 겁니다. 당신은 왜 사느냐고 말입니다. 또 존재가치는 무엇이냐고요.

●
undergraduate 대학 재학생, 대학생(졸업생이나 대학원 학생과 구별하여). 대학원(graduate school).

이야기가 그렇게 진행된다면 점점 어려워지겠죠? 만약 그런 사람이
혹시라도 있으면 『코스모스』에 나오는 세이건의 엄숙한 메시지를 읽어
보시기 바랍니다.

"손을 잡고 우주를 향해야 할 때"

"If we are to survive, our loyalties* must be broadened further, to
include the whole human community, the entire planet Earth. Many of
those who run the nations will find this idea unpleasant. They will fear
the loss of power. We will hear much about treason* and disloyalty.
Rich nation states will have to share their wealth with poor ones. But
the choice, as Herbert George Wells once said in a different context, is
clearly the universe or nothing. 우리(인류)가 살아남기를 원한다면 우리
의 성실한 마음을 더 넓혀 인간의 모든 공동체(국가), 지구촌 모두를 끌어
안아야만 한다. 나라를 움직이는 많은 지도자는 이를 불쾌하게 생각할
것이다. 그들은 권력을 잃을까 두려워할 것이다. 우리는 그들의 반역과
불신을 접할 것이다. (그래서) 부유한 국가들은 그들의 부를 가난한 나라
와 나누어야만 할 것이다. 조지 웰스가 물론 다른 의미에서 지적한 것이
지만 이제 선택은 분명히 모두가 사는 전체를 향해 갈 것이냐, 아니면

---

loyalty 충성, 충의, 충절. 성실, 충실. 애국적 행위[언동]. We build customer loyalty by serving existing
customers with utmost care 우리는 기존 고객을 극진히 모심으로써 고객의 신뢰를 쌓고 있다.
treason (국가, 정부에 대한) 반역(죄). high treason 대(반)역죄, 국사범(國事犯). 배신, 불신, 불충
(=disloyalty). banish a person for treason ~를 반역죄로 추방하다.

끝이냐의 두 가지뿐이다."

　대단히 세계주의적 발상이 아닐 수 없습니다. 이제 인류는 미국이다,
러시아다, 그리고 기독교다, 이슬람이다라고 외치면서 치고받으면서
싸울 계제가 아니며, 그러한 싸움을 원하는 사람은 오직 권력욕에 눈이
어두운 정치지도자뿐이라는 이야기입니다. 이제 서로 손을 잡고 우주
를 향해야 할 때라는 겁니다. 우주의 개척 없이 인류의 미래는 비관적이
라며 세계 정치지도자들의 각성을 요구하고 있습니다.

　실제로 지구촌 60억 인구가 살기에는 무려 1,000배가 과포화 상태라
는 지적도 있습니다. 이뿐만이 아닙니다. 지구촌의 가장 커다란 위협인
지구온난화를 막는 일은 그야말로 성실하고 마음씨 좋은 몇몇 나라의
노력으로는 불가능합니다. 지구촌의 문제입니다. 부유한 나라가 앞장
서서 모두가 손을 잡아야 합니다.

　조지 웰스가 누군지는 아시죠? 1895년 『타임머신』이란 소설을 발표
하여 그 유명한 '타임머신'이라는 단어를 처음 사용한 작가입니다. 공
상과학 소설을 많이 써 100권이 넘는 책을 남긴 그는 자연과학에 대한
넓은 교양과 넘치는 상상력을 결합해 20세기 과학에 많은 모티프를 제
공하기도 했습니다. 특히 원자폭탄을 예언한 『우주전쟁』이 유명한데,
그의 풍자 속에는 미래를 내다보는 안목이 있다는 평가를 받습니다. 문

어와 비슷한 외계인의 모습 또한 그가 처음 그려 낸 것입니다. 근대 공상과학 소설의 대부라고 할 수 있는 그는 사회주의자이자 평화주의자로 독재적 권력자의 등장이라는 해악을 이미 예견했습니다. 세이건이 그를 인용한 것도 그런 의미라고 생각하면 될 것 같습니다.

　어쨌든 천문학자 세이건이 대단한 세계주의자라는 것을 알 수 있는 대목입니다. 우리의 경쟁 대상은 지구촌 내부의 서로 다른 국가도 종교도, 이데올로기도 아니며 이런 시시콜콜한 도그마에서 벗어나야 한다는 거죠. 맞는 이야기죠?

무한한 상상력,
외계생물체이론

"The brain is like a muscle. When it is in use we feel very good. Understanding is joyous. 뇌는 근육과 마찬가지다. 사용할 때에야 비로소 기분이 좋아진다. 이해한다는 것은 즐거운 일이다."

　최근의 연구에 따르면 머리를 많이 쓰면서 뇌 운동을 많이 하는 사람은 뇌가 녹슬지 않기 때문에 치매에도 걸리지 않는다고 합니다. 세이건 역시 뇌를 사용하는 것이 중요하고 즐거운 일이라고 이야기합니다. 더불어 그는 상상력과 호기심이야말로 뇌에 가장 좋다고 주장하고 있습니다.

"왜 우주인가?"

만일 논술시험에 '우리는 왜 우주로 향하는가?'라는 질문이 나온다면 여러분은 뭐라고 대답할 수 있나요? 세상에는 수없이 많은 사람이 가난과 기아로 허덕이고 있습니다. 급식비가 없어서 밥을 굶어야 하는 아이들도 있습니다. 그럼에도 우리는 왜 엄청난 돈을 들여 가면서 달을 찾고 화성을 탐사하려는 것일까요? 미국이나 러시아처럼 세계 최고의 과학기술을 가졌다고 폼 재고 뻐기려는 것일까요? 혹시 누구보다 먼저 우주로 향했던 과학 선진국들은 "우리는 세계 최고 강대국이니까 다른 데 붙지 말고 우리에게 붙으시오"라며 무언의 압력을 행사하는 것은 아닐까요? "우리의 이데올로기가 더 나으니 우리 편이 돼야 안전하다"라고 하면서 말입니다.

그 옛날 미국과 소련의 우주경쟁은 사실 그렇게 시작됐습니다. 그러나 우리가 정말 그런 이유로 여전히 우주로 향하는 것일까요? 냉전시대는 이미 오래 전에 끝나 버렸는데도요? 이제 우주로 향하는 이유는 명확하게 달라졌습니다. 바로 우리를 찾기 위해서입니다. 우리 인간이 과연 어디서 왔으며 또한 광활한 우주에는 무엇이 존재하는지를 알기 위해서입니다. 근원을 아는 것, 그것이 바로 우리 자신을 찾는 길이기 때문입니다.

혹자는 이렇게도 이야기합니다. "모든 것은 신이 만든 것인데 그러한 도전을 무모하게 감행할 필요가 있는가?" 우주를 향해 나가려는 시도가 정말 무모한 일일까요? 만약 그렇다면 칼 세이건이 논했던 광활한 우주의 신비를 새삼스럽게 들먹일 필요가 없겠지요?

"The world is so exquisite with so much love and moral depth, that there is no reason to deceive ourselves with pretty stories for which there's little good evidence. Far better it seems to me, in our vulnerability*, is to look death in the eye and to be grateful every day for the brief but magnificent opportunity that life provides. 세상은 충만한 사랑과 도덕적 깊이가 자리 잡고 있어 더할 나위 없이 훌륭하다. 그래서 별 충분한 근거도 없는 이야기를 아름답게 치장하여 우리 자신을 속일 아무런 이유가 없다. 연약한 우리 인간들은 눈으로 직접 죽음이 무엇인지를 보는 것이 좋다. 그래서 인생(살아 있다는 것 자체)이 우리에게 주는 간단하면서도 훌륭한 기회에 만족하면서 살아가는 것이다."

- 「퍼레이드 매거진」, 1996년

어떤 의미인지 아실 것으로 생각합니다. 살아 있다는 것 자체가 아름다운 것이고 선물이기 때문에 만족하면서 살아가자는 내용입니다.

●
vulnerable 상처 입기 쉬운, 공격받기 쉬운, 취약한, (유혹 등에) 넘어가기 쉬운(~to temptations). a fortress vulnerable to attacks from the sky 공습에 취약한 요새.

"편견과 반(反)과학에서 벗어나라"

"But our preferences* do not determine what's true. We have a method, and that method helps us to reach not absolute truth, only asymptotic* approaches to the truth - never there, just closer and closer, always finding vast new oceans of undiscovered possibilities. Cleverly designed experiments are the key. 그러나 우리의 편견 때문에 진실이 무엇인지를 가려내지 못한다. 우리는 방법을 가지고 있지만, 그 방법은 절대적인 진리에 도달하는 데 도움이 안 된다. 다만 진리에 대한 점근선적 접근만을 가능하게 할 뿐이다. 진리는 더욱 가깝게 다가오고 있지만 새로운 거대한 대양과 같은 발견되지 못한 가능성만이 있을 뿐이다. 명확하게 실행된 실험만이 열쇠다."

– 『회의적 질의자』, 1995년

세이건은 우리가 근접하기 어려운 천문학과 우주론을 공부하면서도 과학적 사고방식의 중요성을 항상 강조했습니다. 다음 장에 설명하겠지만 그는 반反과학anti-science이나 사이비 과학을 아주 경계했습니다. 예를 들어 에너지보존법칙이나 열역학법칙에 위반되는 무한동력기관(영구기관), 점술과 예언, 대체의학, 창조주의, 초능력, 임사체험臨死體驗과 같은 것 말입니다. 그는 이러한 것들을 철저히 배격했습니다. 세이건은

---

preference 더 좋아함, 선택, 편애〈for〉. a matter of preference 선호의 문제. 더 좋아하는 물건, 선택물. Which is your preference, coffee or tea? 커피와 차 중 어느 것을 더 좋아하십니까? offer[afford] a preference 우선권[특혜]을 주다. preference treatment 특혜 대우, Imperial Preference 대영 제국 내 특혜 관세, in preference to ~에 우선하여, ~보다는 오히려..
asymptotic (수학에서) 점근선의. asymptotic property 점근성, an asymptotic circle[line] 점근원[선].

외계생물체이론astrobiology을 체계화시켰지만 미확인비행물체UFO에 대해서도 매우 비판적인 시각을 가졌던 학자입니다.

임사체험이 뭐냐고요? 영어로는 near death experience, 문자 그대로 죽음의 문턱까지 갔다가 체험한 일들을 말합니다. 그저 듣거나 읽고 흘려 버리면 될 일들이 왜 새삼스럽게 등장하느냐고요? 임사체험이란 말은 미국 정신과 의사인 레이먼드 무디가 만든 용어입니다. 그는 죽음의 문턱까지 갔다가 살아남은 사람들이 죽음 너머의 세계를 엿보는 신비스러운 체험을 했다고 주장했지요. 1975년 무디가 펴낸 『삶 이후의 삶』은 300만 부 이상 팔렸는데 사망선고를 받고 소생한 환자들의 임사체험 사례를 모은 책입니다.

이러한 내용을 믿는 사람들은 의외로 많습니다. 1982년 갤럽 조사에 따르면 미국의 성인 800만 명, 즉 20명당 한 명꼴로 적어도 한 번 임사체험을 한 것으로 나타났습니다. 많은 사람이 비웃음을 살까 두려워하면서도 임사체험을 털어놓는 이들이 증가함에 따라 사후의 삶에 대한 증거가 보강되는 듯했습니다. 그러나 과학자들은 이러한 일들이 죽어가는 사람의 뇌에 산소가 결핍되어 발생하는 환각일 따름이라며 일소에 부쳤습니다.

인간의 정신세계에서 일어나는 일을 과학이라는 잣대에 맞추어 한마디로 단정하고 평가하기는 어렵습니다. 누군가 경험했다고 믿는 일

---

fleeting (시간, 인생 등이) 어느덧 지나가는, 잠깐의, 무상한, 덧없는(=transient). for a fleeting moment 아주 잠깐.

superstition 미신, 미신적 습관[행위]. (미지의 것, 신비적인 것에 대한) 공포, 두려움. 맹신, 불합리한 고정관념. 우상 숭배, 사교(邪敎).

confront 직면하다, 맞서다(=face). His house confronts mine 그의 집은 우리 집과 마주 서 있다. 대면[대결]시키다〈with〉, ~에게 (증거 등을) 들이대다〈with〉. confront a person with evidence of his crime ~에게 범죄의 증거를 들이대다. (사람이 곤란 등에) 직면하다, 대비[비교]하다〈with〉. confront an account with another 한 계산서를 다른 계산서와 비교하다, be confronted with (어려움 등에) 직면하다.

을 무조건 부정만 할 수도 없습니다. 그러나 그러한 내용이 일반적이고 상식적이며 증명할 수 있는 과학과 거리가 멀다는 것 또한 부인할 수 없는 사실입니다. 임사체험은 과학이 될 수 없습니다. 세이건은 그러한 주장을 강력히 하는 사람들을 경계해야 한다고 이야기합니다.

그가 『코스모스』에 남긴 이야기를 들어볼까요?

"Those afraid of the universe as it really is, those who pretend to nonexistent knowledge and envision a Cosmos centered on human beings will prefer the fleeting* comforts of superstition*. They avoid rather than confront* the world. But those with the courage to explore the weave and structure of the Cosmos, even where it differs profoundly from their wishes and prejudices, will penetrate* its deepest mysteries. 우주의 존재 자체를 두려워하는 사람들, 그리고 존재하지도 않는 지식에 치우쳐 인간 중심의 우주를 그려 내려는 사람들은 미신을 통한 덧없는 위로를 받는 것을 더 좋아할 것이다. 그들(미신을 좋아하는 사람들)은 세계에 당당히 맞서려고 하지 않고 피하려고 한다. 그러나 우주의 구조를 연구하려는 용기를 가진 사람이야말로, 비록 우주가 그들이 바람, 희망과는 다르게 나타날지라도, 우주의 깊은 미스터리를 뚫고 지나가는 사람이 될 것이다."

penetrate (탄알·창 등이) ~에 꽂히다, 꿰뚫다, 관통하다, (빛·목소리 등이) 통과하다, 지나가다. A sharp knife penetrated the flesh 예리한 칼이 살 속에 꽂혔다. The flashlight penetrated the darkness 불빛이 어둠 속을 꿰뚫었다. Her voice does not penetrate 그녀의 목소리는 멀리까지 들리지 않는다. 침입하다, ~에 들어가다, (조직 내에) 잠입하다. (향수나 냄새 등이) 스며들다. (사상 등이) 침투하다. (외국 등에) 영향을 미치다, 침투하다. The eyes of owls can penetrate the dark 부엉이 눈은 어둠 속에서도 볼 수 있다. penetrate a person's mind ~의 마음을 꿰뚫어 보다. Smoke penetrated through the house 연기가 온 집안에 스며들었다.

'악령이 출몰하는 세상'을 경계하라

세이건은 비과학적인 내용이 지배하는 사회를 '악령이 출몰하는 세상 The Demon Haunted World'이라고 규정합니다. 그의 유명한 과학비평서의 제목이기도 합니다. 무신론자였던 세이건에게는 종교의 창조론도 마찬가지로 비과학적인 내용일 뿐이었죠.

이런 이야기를 하고 싶습니다. 과학적 자세는 분명히 사물이나 자연현상을 합리적으로 이해하고 탐구하려는 노력으로 아주 중요한 일입니다. 그렇다고 과학이 인간사의 모든 것을 해결할 것이라는 과학 만능주의는 경계해야 합니다.

인간의 모든 문제가 과학과 기술로 해결될 수 있는 것은 아닙니다. 비합리적인 것이 합리적인 것보다 나을 때도 있습니다. 그러나 합리적이고 과학적 마인드가 비합리적인 사이비 과학보다는 일반적이고 지배적인 논리가 돼야 합니다. 그래야 세계를 이해하고 납득하기 위한 바탕을 다질 수 있을 테니까요. 세이건의 주장도 그런 것이 아닐까요?

칼 세이건을 접하고 아서 클라크를 만나면서 느낀 것이 있습니다. 우주를 탐구하는 천문학자들의 영혼이 너무나 순수하고 깨끗하다는 겁니다. 그들은 추잡스러운 정치 편향적 이데올로기도, 그리고 종교적 도그마도, 인종적 편견에서도 벗어난 그저 순수한 자연인의 모습을 보여주고 있습니다.

노벨상 수상의 가장 유력한 후보로 떠올랐던 천문학자 허블이 죽으면서 아내에게 남긴 이야기는 두고두고 가슴을 뭉클하게 합니다. 위대한 족적을 남긴 그가 아내에게 한 부탁은 단 하나의 족적이라도 남기지 말라는 유언이었습니다.

"여보, 내가 죽거든 무덤도 만들지 말고 비碑도 세우지 마시오. 죽었다는 이야기도 남들에게 이야기 하지마시오. 장례식도 하지 마시오. 몸은 화장한 다음 아무 데나 뿌려 버리시오. 마지막 부탁이오."

내부 은하가 아니라 외부은하까지 발견해 우주가 얼마나 광대무변한지를 목격한 허블 망원경의 주인공 허블은 우리 인간이 그야말로 갠지스강의 모래알만큼도 안 되는 보잘것없는 존재임을 터득한 것이죠. 그래서 아내에게 겸손한 부탁을 한 겁니다.

세이건이 이룩한 업적은 대단합니다. 그는 미국 NASA가 추진하는 각종 프로젝트에 참가해 우주탐사에 많은 기여를 했습니다. 그러나 정작 그의 업적을 들라면 외계생물체이론을 빼놓을 수 없을 겁니다. 그가 개척한 이론이죠. 그래서 그는 NASA의 지원을 받아 SETISearch for Extra Terrestrial Intelligence 프로그램을 설립했습니다. 이 프로그램은 외계의 지적 생명체가 지구로 전파를 보내고 있다는 전제 아래 전파를 수신하고 분석함으로써 이들 생명체를 찾아내는 프로그램입니다. 공식적으로는 20세기 말 미국에서 시작되었습니다. 비록 아직 성공적인 결실을 거두지

는 못했지만 한술 밥에 배가 부를 수는 없는 일입니다. 꾸준한 연구와
준비가 있다면 언젠가 목적을 달성하게 될 겁니다.

외계생명체란 무엇인가?

그런데 외계에 생명체가 있다면 그들도 지구의 생명체와 같이 단백질
로 구성돼 있고, DNA도 염기도 있는 것일까요? 우리의 상상력을 동원
해 봅시다. 지구의 생명체와는 다른 형태의 세포나 구성단위로 이루어
진 생명체는 존재할 수 없을까요? 지구적 관점에서 벗어나 우주적 관점
에서는 다를 수도 있지 않을까요? 그러한 호기심과 상상력을 제공한 이
가 칼 세이건입니다.

사실 과학자들 가운데는 만약 우주에 생명체가 존재한다면 지구의
생명체와는 분자나 세포구조가 다를 것이라고 주장하는 사람도 있습니
다. 오히려 그것이 적절한 접근이라는 주장이지요. 재미있는 이야기입
니다. 이처럼 상상력이 끝이 없듯이 자연과 우주를 탐구하는 과학도 끝
이 없습니다. 과학은 상상력과 호기심이지 수학과 물리방정식이 아닌
것이죠.

'악령이 출몰하는 세상'에 경종을 울리다

"It is far better to grasp the Universe as it really is than to persist in delusion, however satisfying and reassuring. 맹목적인 환상을 고집하기보다 현실 그대로 있는 우주를 이해하는 것이 더욱 바람직한 일이다. 물론 만족스럽고 확신을 주어야 한다."

- 『악령이 출몰하는 세상』

"맹신과 유사과학은 점점 거세져"

유전자 정보를 이용한 난치병 연구의 세계적인 권위자로 미국 시스템 생물학 연구소Institute for Systems Biology를 이끌고 있는 르로이 후드 박사는 "과학적이냐, 과학적이 아니냐 하는 논쟁거리가 생겼을 때 가장 과학적인 접근은 과학적이지 않다는 데 손을 들어주는 일이다. 판단을 내리는 데 신중에 신중을 기하는 것이 바람직한 과학적 접근 태도이다"라고 말합니다.

세이건의 의견도 크게 다르지 않습니다. 『악령이 출몰하는 세상』에서 세이건이 지적한 이야기를 감상해 볼까요?

"I worry that, especially as the Millennium edges nearer, pseudo science* and superstition will seem year by year more tempting, the siren song of unreason more sonorous* and attractive. Where have we heard it before? Whenever our ethnic* or national prejudices are aroused, in times of scarcity*, during challenges to national self esteem or nerve, when we agonize about our diminished cosmic place and purpose, or when fanaticism* is bubbling up around us then, habits of thought familiar from ages past reach for the controls. The candle flame gutters*. Its little pool of light trembles. Darkness gathers. The demons begin to stir. 특히 새천년이 가까워지는 지금 사이비 과학과 미신이 유혹하는 기세가 해가 갈수록 더해간다는 것이 너무나 우려된다. 비이성의 사이렌 소리가 더욱 울려 퍼지며 유혹의 손길을 뻗치고 있다. 과거 어디에서 들어보거나 한 소리들인가? 궁핍으로 인해 인종적,

---

pseudo science 의사(擬似, 사이비) 과학.
sonorous 울리는, 울려 퍼지는, 낭랑한, (악기 등이) 울려 퍼지는 소리를 내는. a sonorous church bell 울려 퍼지는 교회의 종. (소리가) 큰, 반향을 일으키는. (문체나 연설 등이) 격조 높은, 당당한.
ethnic 인종의, 민족의, 인종[민족]학적인(=ethnological). 민족 특유의. ethnic music 민족 특유의 음악. 소수 민족[인종]의. ethnic Koreans in Los Angeles LA에 거주하는 한국계 소수 민족. *보통 ethnic은 언어나 습관상으로, racial은 피부나 눈 색깔·골격 등의 관점에서 쓰인다.
scarce (식량, 돈, 생활필수품이) 부족한, 적은, 모자라는〈of〉. be scarce of food 식량이 모자라다.

민족적 편견이 나올 때마다, 민족적 자만심에 빠질 때마다, 그리고 우주적 공간과 목적이 사라져 가는 것에 걱정할 때마다, 또한 종교적 광신주의가 거품처럼 부풀어 올라 우리 주위를 맴돌 때마다, 시대를 뛰어넘는 성숙한 사고의 습관은 통제 불능의 상태로 빠지게 된다. 촛불이 약해지고 있다. 마지막 남은 불빛이 흔들리며 떨고 있다. 어둠이 몰려온다. 악령들이 휘젓고 활개치고 있다."

칼 세이건은 미신이나 예언, 맹신이 지배하는 사회를 악령이 출몰하는 세상이라고 정의했습니다. 앞서 이야기했듯이 반과학이나 사이비 과학도 같은 범주에 속합니다. 특히 과학으로 치장한 창조론과 같은 내용이나 초능력, UFO 같은 것에 대해서도 경계해야 한다고 주장했습니다.

철저한 회의주의자, 다시 말해서 서양적 무신론자였던 그에게는 당연한 일인지도 모릅니다. 더구나 우주를 탐구하면서 우주와 이야기를 나누었던 그에게 창조론과 같은 이야기는 반과학이라고 하기에 충분합니다.

그런데 칼 세이건은 왜 과학과 기술이 고도로 발달한 20세기 말에 들어서 반과학, 사이비 과학, 그리고 예언이나 맹신을 들먹이면서 새삼스럽게 악령이 출몰하는 세상이라고 꼬집고 있는 것일까요?

Money is scarce 돈이 부족하다. 드문, 진귀한(=rare). a scarce book 희귀한 진본.
fanaticism 광신[열광]적인. religious fanaticism 종교적 광신주의.
gutter (지붕의) 홈통, (차도와 인도 사이의) 도랑. a gutter stone 도랑에 깐 돌. (일반적으로) 수로. (흐르는 물이나 녹아내린 초의) 흐른 자국, 물 자국, 홈. her cheeks guttered with tears 눈물 자국이 생긴 그녀의 볼. 하층 사회, 빈민굴. take[raise] a child out of the gutter 어린이를 빈민굴에서 구해내다. rise from the gutter 비천한 신분에서 출세하다. (촛불의) 촛농이 흘러내리다. gutter out (촛불 등이) 차츰 약해져서 꺼지다.

"Think of how many religions attempt to validate* themselves with prophecy. Think of how many people rely on these prophecies*, however vague, however unfulfilled, to support or prop* up their beliefs. Yet has there ever been a religion with the prophetic accuracy and reliability of science? 얼마나 많은 종교가 예언을 들먹이며 자신들의 주장이 맞는 말이라고 덤벼드는지 생각을 해 보라. 그리고 얼마나 많은 사람이 이러한 예언들에 의지하고 있는지 생각해 보라. 모호하고, 검증되지 않은 채 그저 그들의 믿음을 지탱하려는 예언들을 말이다. 예언이 정확하며 과학적 믿음이 가는 종교가 과연 있었던가?"

– 『악령이 출몰하는 세상』

"얼마나 많은 종교가 얼마나 많은 예언을 하고 있나?"

칼 세이건은 사이비 과학도 과학이지만 이러한 맹신이나 예언에 의해 과학이 묻히고 있는 현실을 아쉬워했던 겁니다. 특히 우주를 향한 과학을 말입니다.

아마 과학 가운데 가장 종교와 충돌하는 과학이 바로 천문학이나 우주과학, 그리고 진화론과 같은 생물학 분야라고 생각합니다. 특히 천문학은 종교적 충돌이 가장 심했던 과학이라고 할 수 있습니. 하늘의 세계

●
validate 정당성을 입증하다, 실증하다, 확인하다. (법적으로) 비준하다(반대 invalidate). validate a treaty 조약을 비준하다. (문서 등을) 허가(인가)하다.
prophecy 예언, 예언 능력, 신의 뜻을 전달. rosy[gloomy] prophecy 낙관적인[비관적인] 예언. (성서에서는) 예언서. prophet 마호메트, 예수, 모세와 같은 예언자. a prophet of doom 재앙이나 멸망을 예언하는 사람.
prop 지주, 버팀목, 받침, 받치는[괴는] 막대 기둥. 지지자, 후원자. 버티다, 지주[버팀목]를 대다〈up〉.

는 창조주만이 간여할 일인데 사람이 간여하기 시작했기 때문이죠. 코페르니쿠스와 갈릴레오가 지동설을 주장했다가 교단의 핍박 속에 고생을 한 것은 아주 유명한 일이고, '과학의 순교자martyr of science'로 평가받고 있는 조르다노 브루노도 화형으로 처형되었지요. 갈릴레오처럼 지동설을 주장했다가 로마 교황청의 분노를 샀거든요. 후세 사람들은 기독교와 타협해 목숨을 건진 갈릴레오와 기독교 최고의 형벌인 화형에 처한 브루노를 곧잘 비교합니다. 그런 책도 많이 나와 있고요.

역사는 신학자인 브루노를 과학자가 아니라 철학자로 취급합니다. 비하하는 거냐고요? 아니죠. 오히려 그를 대접하는 겁니다. 천문학자 코페르니쿠스나 케플러도 이름 모르는 지방에서 쓸쓸하게 비참한 최후를 마쳤습니다. 하늘의 논리에 도전했기 때문입니다.

여러분은 종교가 얼마나 중요하다고 생각하며 과학과 종교의 논리가 대립할 때 어느 편에 서는 쪽인가요? 꼭 생물학적 관점이 아니더라도 종교도 상당히 진화했다는 생각을 해 본 적은 없는지요? 그러니까 유대교에서 기독교, 이슬람교, 한때 이단으로 몰렸던 그리스 정교나 러시아 정교, 그리고 현재 개신교에 이르기까지 오랜 역사를 거치면서 말입니다. 종교에 진화라는 단어를 쓰는 것이 이상하게 들리나요?

종교도 진화하고 있는 것 아닌가?

역시 『악령이 출몰하는 세상』에 나오는 이야기입니다.

"Humans may crave● absolute certainty; they may aspire● to it; they may pretend, as partisans● of certain religions do, to have attained it. But the history of science - by far the most successful claim to knowledge accessible to humans - teaches that the most we can hope for is successive improvement in our understanding, learning from our mistakes, an asymptotic approach to the Universe, but with the proviso● that absolute certainty will always elude● us. 인간은 절대적으로 확실한 것을 갈망한다. 그리고 동경한다. 또 어떤 종교의 종파들처럼 절대적으로 확실한 것을 마치 성취한 것처럼 생색을 내기도 한다. 그러나 인간이 이해하기 쉬운 지식을 안겨 주고 성공한 과학의 역사가 우리에게 가르쳐 주는 것이 있다. 우리가 바랄 수 있는 최선은 우주에 대한 점차적인 접근과 실수를 통해 우리의 이해를 계속적으로 향상시키는 일이다. 그러나 단서가 있다. 절대적인 확실성이 언제나 우리를 피해 갈 수도 있다는 생각을 해야만 한다."

예를 들어 여러분은 여러분 주위에서 일어나는 일 가운데 세이건의

●
crave 갈망(열망)하다〈for, after〉. wish, desire, long for 등보다 뜻이 강함. crave pardon 용서를 빌다. crave mercy off[from] a person ~에게 관대한 처분을 간청하다. I crave water 물이 마시고 싶어 못 견디겠다. 필요로 하다(=require).
aspire 열망하다, 포부를 가지다, 큰 뜻을 품다, 동경하다〈to, after〉. aspire after[to] fame 명성을 열망하다, aspire to literary success 문학적인 성공을 열망하다, aspire to attain to power 권력을 얻으려고 열망하다. He aspired to be a doctor 그는 의사가 되려는 소망이 있다. 명사 aspiration.
partisan 일당, 도당, 동지. 열렬한 지지자[당원]. 유격병, 게릴라 대원, 빨치산. 당파심이 강한, 유격대의, 게릴라 대원의.

지적처럼 출몰하는 악령들에 어떤 것이 있다고 생각하나요? 혹시 세이건이 악령 자체라고 생각하는 것은 아니겠지요? 악마의 과학자라고 비난을 가하면서 말입니다.

"A millennium before Europeans were willing to divest* themselves of the Biblical idea that the world was a few thousand years old, the Mayans were thinking of millions and the Hindus billions. 유럽 사람들이 세상(지구)의 나이가 몇 천 년에 불과하다는 성경의 주장에서 벗어나기 1,000년 정도 앞서, 마야인들은 지구가 수백만 년이 됐을 거라고 생각했고 인도인들은 수십억 년이 됐을 거라고 생각하고 있었다."

proviso(법령, 조약 등의) 단서(但書), 조건. make it a proviso that ~을 조건으로 하다. with (a) proviso 조건부로, add the proviso to ~에 단서를 붙이다.
elude(교묘하게 몸을 돌려) 피하다, 벗어나다(=escape). (법, 외무, 지불 등을) 회피하다(=evade). 자취를 감추다, 발견되지 않다. elude the law 법망을 뚫다, elude observation (사람의) 눈에 띄지 않다, elude one's grasp (잡으려고 해도) 잡히지 않다. The meaning eludes me 나는 그 의미를 알 수가 없다.
divest ~의 (옷을) 벗기다(=strip of). divest a person of his coat ~의 코트를 벗기다. 빼앗다(=deprive), 제거하다(=rid), (재산이나 권리 등을) 박탈하다. divest a person of his rights ~의 권리를 빼앗다. be divested of ~을 빼앗기다, 상실하다. divest oneself of ~을 벗(어 던지)다, 떨쳐 없애다. (재산이나 권리를) 포기하다, 처분하다.

"인간은 위대하다.
결코 두려워하지 말라"

"Once we overcome our fear of being tiny, we find ourselves on the threshold* of a vast and awesome Universe that utterly dwarfs - in time, in space, and in potential - the tidy anthropocentric* proscenium* of our ancestors. 일단 우리가 왜소한 존재라는 두려움에서 벗어난다면, 우리 자신이 바로 거대하고 경이로운 우주, 즉 우리 조상들이 만들어 낸 질서정연하고, 그야말로 인간적인 무대를 시간과 공간적으로 완전히 축소한 우주의 문턱에 들어서 있다는 것을 발견하게 될 것이다."

- 「창백한 푸른 점(Pale Blue Dot)」

●
threshold 문지방, 입구. on the threshold 문턱에서, cross the threshold 문지방을 넘다. 집에 들어가다. 발단, 시초. at the threshold of ~의 시초에, on the threshold of 바야흐로 ~하려고 하여.
anthropocentric (사상, 관점 등이 종교 중심이 아니라) 인간 중심적인. anthropology(인류학).
proscenium (고대 로마 극장의) 무대. 무대의 앞부분(막과 오케스트라석 사이에 칸을 막은 부분), (비적으로) 전경(前景).

"인간은 왜소하지 않다!"

재미있는 이야기죠? 거대하고 광활한 우주현상에 두려움을 느낄 게 아니라는 이야기입니다. 그렇다고 깔볼 것도 아닙니다. 우주에 대한 두려움을 벗어 던지고 도전한다면 거대하고 경이로운 우주를 점차 이해할 수 있다는 이야기겠죠? 또 우주와 친구도 될 수 있다는 이야기겠죠? 우주가 무한히 넓다면 우리는 움츠러들어야 하는 걸까요? 광활한 우주에 비해 인간이 모래알갱이에도 못 미치니까 말입니다. 그래서 종교나 신에 의지해야만 하는 걸까요? 아닙니다. 세이건은 도전하라고 충고합니다. 이어지는 이야기를 볼까요?

"We gaze across billions of light years of space to view the Universe shortly after the Big Bang, and plumb• the fine structure of matter. We peer• down into the core of our planet, and the blazing interior of our star. 우리는 빅뱅 후에 바로 생겨난 우주를 관찰하기 위해 수십억 광년이나 떨어진 공간을 바라볼 수 있다. 그리고 무엇으로 만들어졌는지 (우주를 이루는) 물질의 구조를 파악했다. 또한 지구의 핵이 무엇인지와 함께 그것이 불타고 있다는 것도 알게 되었다."

지구의 핵이 엄청나게 온도가 높은 불덩이라는 것은 아시죠? 우리

---

plumb 추(錘), 다림추. a plumb block 축대, 축받이. 수직. off[out of] plumb 수직이 아닌, 기울어진. 수직의, 정확한, 똑바른, 곧은. fall plumb down 수직으로 떨어지다. 납땜질하다. plumb the depths of (슬픔, 고독 등의) 수렁에 빠지다. 눈치채다, 이해하다.
peer (나이·지위·능력이) 동등한 사람, 동료, 또래. 자세히 들여다보다, 응시하다, 주의해서 보다(into, at). (해 등이) 희미하게 나타나다, 보이기 시작하다(from, through).

인간이 왜 대단한지 더 읽어 보죠.

"We read the genetic* language in which is written the diverse* skills and propensities* of every being on Earth. We uncover hidden chapters in the record of our origins, and with some anguish better understand our nature and prospects. 우리는 지구상의 모든 존재에 대한 다양한 기술과 기호가 쓰여 있는 유전학적 언어를 읽는다. 우리는 우리(인간)의 기원에 관한 기록에 대해 숨겨진 내용들을 들추어 냈다. 다소 고민은 되겠지만 인간의 본성과 가능성에 대해서도 좀 더 잘 이해하게 됐다."

세이건이 이야기하는 인간의 위대함은 이뿐만이 아닙니다.

"We invent and refine* agriculture, without which almost all of us would starve to death. We create medicines and vaccines that save the lives of billions. We communicate at the speed of light, and whip around the Earth in an hour and a half. 우리는 농업을 발견해서 더욱 발전시켰다. 그것(농업)이 없었으면 대부분 굶어 죽었을 것이다. 우리는 수십억 명을 구하는 의약과 백신을 만들어 냈다. 우리는 광속光束만큼이나

---

genetic 기원의, 발생(론)적인, 유전학적인, 유전자의. 유전자(gene).

diverse 다른 종류의, 다른(=different from), 여러 가지의, 다양한(=varied). a man of diverse interests 취미가 다양한 사람.

propensity 경향, 성향, 기호, 성벽(=inclination)〈~to, for〉. She has a propensity to exaggerate(for exaggeration) 그녀는 과장해서 말하는 버릇이 있다. He had a propensity for stealing 그는 도벽이 있었다. propensity to consume (경제용어로) 소비 성향.

refine 제련하다, 정제하다, 깨끗하게 하다, 맑게 하다(=clarify), 불순물을 제거하다. refine iron ore 철광

빠르게 의사소통을 할 수 있으며 한 시간 반이면 지구를 돌 수도 있다."

세이건은 인간이 보잘것없는 존재가 아니라 우주에서 가장 훌륭한 존재라는 것을 강조합니다. 왜냐하면 많은 것을 이루어 놓았으니까요. 그리고 훌륭한 자질이 있으니까요. 그렇다고 우주에 대해 인간의 독재와 전체주의, 다시 말해서 개발독재를 옹호하는 것은 결코 아닙니다. 우주는 인간이 이해하고 심지어 외계생물체까지도 같이 공유해야 할 커뮤니케이션의 장소입니다.

만약, 정말 만약입니다. 인간보다 지능이 낮은 개나 고양이 같은 외계생명체가 있다면 여러분은 어떻게 하겠어요? 노예처럼 쇠사슬로 묶어서 노동을 시킬 건가요? 아니면 애완동물처럼 키우시겠어요? 반대로 인간보다 지능이 월등한 생명체가 있다면요? 그때는 온갖 아부를 떨면서 그들에게 다가가는 것은 아니겠지요? 인간은 원래 이기심이 많고 열등하다고 떠벌리면서 외계 생명체에게 충성을 맹세하겠다고 다짐하는 것은 아니겠지요?

"We have sent dozens of ships to more than seventy worlds, and four spacecraft to the stars. We are right to rejoice* in our accomplishments, to be proud that our species has been able to see so

석을 정련하다. (말·태도 등을) 품위 있게 하다, 세련 있게 하다, 풍취(아취) 있게 하다. refine one's taste and manners 취미와 예의를 품위 있게 하다. (문체 등을) 갈고 닦다(=polish).
rejoice (소식 등이) 기쁘게 하다. a song to rejoice the heart 마음을 즐겁게 하는 노래. 기뻐하다, 좋아하다. I am rejoiced to see you 만나 뵈어 기쁘게 생각합니다. 기뻐하다, 좋아하다, 축하하다〈at, in, over〉. rejoice at[in] a person's success 남의 성공을 기뻐하다. rejoice over the good news 희소식을 듣고 기뻐하다. I rejoiced to hear that he had got better 그가 좋아졌다는 소식을 들으니 기뻤다. 향유하다, 누리다〈in〉. rejoice in good health 건강을 누리고 있다.

far, and to judge our merit in part by the very science that has so deflate* our pretensions*. 우리는 70여 개나 넘는 세계에 수십 개의 우주선을 보냈다. 그리고 4개의 우주선을 위성에 쏘아 올렸다. 우리가 업적을 달성했다는 것이 맞다. 그렇게 멀리 볼 수 있게 됐고, 바로 (어떤 사람의 생각으로 볼 때) 우리의 오만을 그렇게 꺾어 온 과학에 의해 인간의 장점을 판단하게 됐다."

70여 개의 세계, 4개의 우주선은 무엇이냐고요? 정확하게 이야기해 보죠. 용도가 무엇이든 간에, 예를 들어 커뮤니케이션 수단으로 아마 미국을 비롯해 선진국들이 쏘아 올린 인공위성은 70여 개에 달할 겁니다. 그러나 정작 태양계의 위성을 탐사하기 위해 보낸 위성은 4개에 불과하다는 이야기 아닐까요?

"과학적 성과에 자축하지 말라"
그러나 세이건의 이야기는 인간이 이룩한 과학적 성과를 자축自祝하는 것으로 끝나지 않습니다. 그는 과학으로 오만해진 우리에게 경종을 울립니다. 정말 귀를 기울여야 할 이야기라는 생각이 듭니다.

●
deflate (타이어 · 공 등에서) 공기(가스)를 빼다. 경제용어로 (가격이나 통화를) 수축시키다(반대 inflate), (희망이나 자신감 등을) 꺾다. deflator 디플레이터, 가격수정 인자.
pretension pretend의 명사형. He has no pretension(s) to be a scholar 그에게는 학자인 척하는 데가 없다. 요구(=claim), 주장. 겉치레, 자만, 뽐냄, 구실, 핑계. without pretension 수수한, 겸손한(하게).

"We have designed our civilization based on science and technology and at the same time arranged things so that almost no one understands anything at all about science and technology. This is a clear prescription for disaster. 우리는 과학과 기술에 의존해 문명을 디자인 해왔다. 그러나 동시에 어느 누구도 과학과 기술에 대해 이해할 수 없도록 만들었다. 이것이 바로 재앙을 막을 명확한 처방이다."

　재미있는 지적이죠? 우리는 과학과 기술의 홍수 속에서 살고 있습니다. 몇 개월만 지나도 신형 휴대폰은 구식으로 전락해 버리기를 거듭하더니 이제 컴퓨터의 축소판인 아주 새로운 휴대폰이 등장했습니다. 우리는 과학과 기술에 대해 무엇을 알고 이해하나요? 아마도 세이건은 "과학과 기술은 발전하고 있지만, 사실 따지자면 인간의 과학적 사고는 퇴보하고 있다"는 이야기를 전하고 싶은 것은 아닐까요? 저는 그렇게 생각해 봅니다.

　이런 반론도 나오겠지요. "과학기술이 인간에게 가져다준 게 뭐야! 편하다는 이유 때문에 오히려 인간으로부터 휴머니티humanity를 빼앗아 갔고, 사람들은 더더욱 이기적으로 변하고 피폐할 대로 피폐해졌잖아!" 라는 이야기들 말입니다.

과학을 휴머니티에 접목시키다

우리가 무엇보다 먼저 생각해야 할 것은 과학과 휴머니티는 상반된 것인가의 문제입니다. 정말로 과학은 인간으로부터 휴머니티를 빼앗아 갑니까? 여러분은 지구가 아닌 다른 우주의 한 세계에 생물체가 살고 있으리라고 믿습니까? 만약 그러한 생물체가 살고 있다면 어떤 모습을 띠고 있을 거라고 생각합니까?

과학적으로 이야기해 봅시다. 지상의 생물들은 모두 유기화합물, 즉 탄소 원자가 결정적 역할을 하는 복잡한 미세 구조의 유기 분자들로 이루어져 있습니다. 생물이 없었던 시기의 어느 날 탄소를 기본으로 하는 유기체들이 만들어졌을 것이라는 생각이죠.

수많은 행성에 생명이 살고 있다면 그들도 지구에서처럼 탄소를 기본으로 하는 유기물로 이루어져 있을까요? 외계생명체는 지구의 생명체와 얼마나 비슷하게 생겼을까요? 어쩌면 그곳 환경에 적응하느라 우리와는 판이하지는 않을까요? 아주 독창적인 생각을 해 본다면 산소와 탄소라는 재료가 필요없는 생명체도 존재할 수 있지 않을까요? 헛된 망상일까요?

우리가 지구상에 있는 생명의 본질을 알기 위해 노력하고, 또한 외계 생물의 존재를 확인하기 위해 노력하는 것은 우리의 본질과 관련된 하나의 질문에 해답을 내리기 위해서입니다. "우리는 과연 누구인가?" 이 질문에 대해 세이건이 『코스모스』에서 한 이야기를 들어보죠.

"우리는 누구인가?"

"For most of human history we have searched for our place in the cosmos. Who are we? What are we? We find that we inhabit* an insignificant planet of a humdrum* star lost in a galaxy tucked* away in some forgotten corner of a universe in which there are far more galaxies than people. This perspective is a courageous continuation of our penchant for constructing and testing mental models of the skies; the Sun as a red hot stone, the stars as a celestial flame, the Galaxy as the backbone of night. 역사의 대부분 우리는 우주 속에서 우리의 위치가 무엇인지를 찾기 위해 노력했다. 우리는 누구인가? 우리 인간은 어떤 것인가? 우리는 잊혀 버린 우주의 어느 구석에 감춰진 은하에서 길을 잃고 헤매는 평범하고 보잘것없는 한 별(행성)에서 살고 있다는 것을 안다. 심지어 그 우주는 인간의 수효보다도 더 많은 우주다. 이러한 관점은 하늘(우주)에 대한 정신적 모델을 만들고 시험하는 용기있는 생각을 이어지게 한다. 태양은 빨갛고 불붙는 돌덩어리, 별은 우주의 광채, 은하수는 밤의 척추라는 생각들이다."

inhabit ~에 살다, 거주(서식)하다. live와는 달리 타동사로 쓰며, 보통 개인에는 쓰지 않고 집단에 씀. ~에 존재하다, ~에 깃들다.

humdrum 평범한, 보통의, 단조로운, 지루한. a humdrum existence 단조로운 생활. 평범, 단조로움, 지루한 사람, 단조로운(지루한) 이야기(=mediocrity). 평범하게 해 나가다.

tuck 밀어(쑤셔) 넣다〈in, into, under〉. (자락·소매 등을) 걷어 올리다. (주름을) 잡다〈up〉, 덮다, 감싸다〈in, into〉. 물고기를 큰 그물에서 건져 내다. (안전한 곳으로) 치우다, 보이지 않는 곳에 두다, 감추다〈away〉.

고대 그리스에서는 태양과 달을 신으로 숭배했습니다. 아낙스고라스라는 철학자가 "달은 신이 아니다. 빛이 나는 커다란 돌덩어리다. 태양도 신이 아니다. 불타고 있는 뜨거운 돌덩어리일 뿐이다. 보이는 모든 것은 자연적인 산물에 불과하다. 자연적인 산물은 신이 아니다. 우리는 돌덩이를 신으로 섬기고 있을 뿐이다"라고 외쳐댔습니다. 물론 당시에는 이러한 주장을 사실이 아니라고 받아들이는 사람이 더 많았습니다. 하지만 지금은 어떤가요? 이제 대부분의 사람들은 행성과 위성, 자전과 공전에 대해 알고 있습니다. 이러한 사실을 억지로 소리높여 외칠 필요도 없어졌지요.

칼 세이건은 우주에 관해 마야 문명과 불교 문명을 찾아간 것처럼 고대 그리스를 찾아가고 있는 겁니다. 우주연구에 관해서만큼은 옛날과 현재가 없습니다. 우주에 대한 연구는 과학이 아니라 철학인지도 모릅니다. 과학자인 세이건은 과학으로 철학을 찾아가고 있는 것 아닐까요? "인간은 과연 무엇인가?"라는 철학적 물음에 답하기 위해서 말입니다. 뒤집어 말하자면 철학으로 과학을 찾으려고 애를 썼다고도 할 수 있을 겁니다.

"과학자,
가장 인간적이고 낭만적이다"

　　과학자들은 차갑고, 냉정하고, 그래서 낭만도 없고, 또 그래서 영 재
미없이 세상을 산다는 의견이 있습니다. 사실 과학이 주는 냄새가 그렇
습니다. 여유가 없고 오직 완벽한 것만이 필요할 것 같다는 느낌이죠.
물론 그렇게 사는 과학자도 있을 겁니다. 그러나 칼 세이건은 그렇지 않
습니다. 아마도 가장 인간적이고 낭만적으로 살다간 과학자가 아닐까
싶습니다. 『코스모스』를 비롯한 그의 작품을 읽다 보면 과학 서적이 아
니라 너무나 아름답고도 슬픈 수필을 읽는다는 생각이 들 정도지요.

"과학자가 낭만과 신비를 빼앗아 간다고?"
세이건의 저서 『창백한 푸른 점』에 나오는 이야기를 볼까요? "It is

sometimes said that scientists are unromantic, that their passion to figure out robs the world of beauty and mystery. 때로 과학자들은 낭만적이지 못하며, (사실을) 찾아야 한다는 그들의 열정이 세상의 아름다움과 신비를 빼앗아 가 버린다는 이야기를 듣는다."

일반적으로 과학자들에 대해 갖기 쉬운, 앞서 언급한 관점의 지적이죠? 세이건은 이 같은 주장에 동의하지 않았습니다. 위의 지적에 대한 세이건의 반론입니다.

"But is it not stirring to understand how the world actually works - that white light is made of colors, that color is the way we perceive the wavelengths• of light, that transparent air reflects light, that in so doing it discriminates• among the waves, and that the sky is blue for the same reason that the sunset is red? It does no harm to the romance of the sunset to know a little bit about it. 그러나 세상이 도대체 어떻게 움직이는지를 이해하는 일이야말로 (낭만적이고) 감동적인 일이 아닌가? 하얀 빛(태양광선)은 색깔들로 이루어져 있으며 그 색깔들이 바로 우리가 빛의 파장을 알 수 있는 방법이다. 투명한 공기는 그 빛을 반사시키며, 이로써 파동들을 분간해 낼 수 있다. 그리고 하늘은 푸르며 같은 이

●
wavelength 파장(波長), (개인의) 사고방식. on the same wavelength as ~와 같은 생각으로, ~와 의기투합하여. broadcast on a short wavelength of 20 meters 파장 20미터의 단파로 방송하다. They are just not on the same wavelength 그들은 서로 잘 통하지 않을 뿐이야.
discriminate 구별하다, 식별[분간]하다(between)(=distinguish). discriminate between right and wrong 옳고 그른 것을 분간하다. discriminate among synonyms 동의어를 구별하다. 차별하다, 차별 대우하다

유로 일몰은 빨갛다. 일몰에 대해 (과학적인 사실을) 좀 안다고 해서 일몰의 낭만을 해치는 것은 아니다."

과학자들을 차디차고 매정한 사람이라고 생각하지 말라는 이야기입니다. 과학자들은 어떻게 보면 평범한 사람들보다 더 낭만적이고 신비로운 일에 매달리고 있고, 그들이 하는 일이 이성 친구와 다정히 손잡고 떨어지는 해와 붉게 깔린 저녁노을을 보면서 아름다운 사랑을 속삭이는 데는 아무런 영향을 끼치지 않으므로 염려나 편견일랑 아예 붙들어매라는 것입니다.

지구온난화가 날조라고?

천문학 연구에 일생을 보낸 세이건은 우리의 고향인 지구를 위해 우주를 배회하다가 다시 우주 속으로 사라진 학자입니다. 그러나 그가 지녔던 고향 지구에 대한 애착은 대단합니다. 그는 우리가 당면한 지구온난화를 걱정했으며 이를 대수롭지 않게 생각하고 안이한 태도로 대하는 과학자들에 대해 냉철한 비난을 가했습니다.

"Those who are skeptical* about carbon dioxide greenhouse warming might profitably note the massive greenhouse effect on

---

⟨against⟩. discriminate against(=in favor of) ~을 냉대[우대]하다. discriminate one thing from another 갑과 을을 구별하다.
skeptical 의심 많은(=doubtful), 회의적인, 회의를 나타내는, 회의론자 같은, 남을 믿지 않는(=incredulous). be skeptical about[of] ~을 의심하다. 무신론적인.

Venus. No one proposes that Venus's greenhouse effect derives from imprudent* Venusians who burned too much coal, drove fuel inefficient autos, and cut down their forests. My point is different. The climatological history of our planetary neighbor, an otherwise Earthlike planet on which the surface became hot enough to melt tin or lead, is worth considering - especially by those who say that the increasing greenhouse effect on Earth will be self correcting*, that we don't really have to worry about it, or (you can see this in the publications of some groups that call themselves conservative) that the greenhouse effect is a 'hoax*'.

이산화탄소에 의한 온난화에 대해 (별문제가 없다며) 회의적인 생각을 갖고 있는 사람들은 금성에서 볼 수 있는 강력한 온실효과를 상기해 보면 좋을 듯하다. 어느 누구도 금성의 온실효과가 경솔하기 짝이 없는 금성 사람들이 석탄을 너무 많이 태웠고, 연료효율이 형편없는 자동차를 몰았고, 그리고 삼림을 잘라 냈기 때문에 발생했다고 지적하지는 않는다. 내 생각은 다르다. 이웃하고 있는 행성이나, 아니면 지구와 닮은 행성 중 지표면이 주석이나 납을 녹일 정도로 뜨거워진 행성의 기후 역사를 눈여겨볼 필요가 있다. 특히 지구의 온실효과는 자체적으로 고쳐질 것이며 그래서 우리는 이에 대해 염려할 필요가 없다고 하는 사람들, 또는 (자신을 보수주의라고 부르는 일부 그룹이 내놓은 출판물에서 볼 수 있다.) 그래서

• imprudent (사람 · 행위 등이) 경솔한, 무모한, 분별없는, 경망스러운(=indiscreet). an imprudent remark[behavior] 경솔한 말[행동]. It was imprudent of you to say so 네가 그런 말을 하다니 경솔했구나.
self correcting (기계 등이) 자동 수정(식)의, (환경 등이) 자동 청정 기능의.
hoax 속이다(=deceive), 골탕먹이다, 속여서 ~하게 하다(into). 사람을 속이기, 골탕먹임, 짓궂은 장난, 날조, 사기. play a hoax on a person ~을 감쪽같이 속이다.

온실효과는 우리를 '골탕먹이는 날조'라고 주장하는 사람들은 말이다."

이산화탄소에 의한 지구온난화는 당연하고도 심각한데 이게 무슨 말이냐고요? 그러면 이산화탄소와 지구온난화와 아무런 관계가 없다고 주장하는 학자도 있다는 말이냐고요? 그렇습니다. 과학적인 연구결과를 내세워 이산화탄소는 지구온난화에 별 영향이 없다고 말하는 학자들이 있습니다. 그것도 과학 강국 미국에서 말입니다. 또 지구온난화는 빙하기, 다시 온난화로 되풀이되는 지구역사의 주기, 즉 사이클에 불과하며 인류에 위협을 주기에는 결코 심각한 수준이 아니라고 주장하는 학자들도 있습니다. 이에 대해 세이건은 '나는 그렇게 생각하지 않는다'고 말합니다.

과학자의 연구에 대해 맞다, 맞지 않다는 주장을 한다는 것은 사실 상당히 어려운 문제입니다. 평범한 사람들은 그 연구를 점검하기도 어렵고 사실적인 자료에 의해 진행됐는지 여부를 가리기도 곤란한 일입니다. 또한 비단 과학에서뿐만 아니라 모든 분야에서 자유로운 연구는 보장돼야 합니다.

예를 들어 유전자변형GMO식품을 볼까요? 조만간 복제 소의 고기와 우유가 등장할 겁니다. 미국 식품의약안전국FDA이 복제 쇠고기가 안전하다는 판정을 내렸습니다. 미국 내에 유통되기 시작했고 유럽은 이 때문에 골머리를 앓고 있습니다. 우리 식탁에도 곧 오르게 될 겁니다.

이러한 GMO나 복제 쇠고기에 대해 안전하다고 주장하는 학자가 있는가 하면 그 효과가 당장 나타나지 않지만 인체의 유전조직을 변형시켜 커다란 재앙을 가져올 것이라는 학자들도 많습니다. 국내 학자들 가운데서도 공공연하게 GMO 식품의 안전성이 농약을 뿌린 야채나 곡물보다 오히려 낫다고 주장하는 사람이 있습니다. 어느 쪽이 옳은지는 아직 명확히 밝혀지지 않았습니다. 양측의 주장은 팽팽하게 대립 중이며 그것을 합리적으로 검증하기엔 우리가 알고 있는 정보가 매우 제한적입니다.

지구온난화도 마찬가지입니다. 이쪽의 대립은 더욱 심하죠. 지구온난화에 대한 걱정이 모두 조작의 결과라고 주장하는 목소리는 더욱 강경합니다. 미국 최대의 일기예보 전문 회사 '웨더 채널' 설립자인 존 콜만은 원래 기상학자였습니다. 그는 최근 전 부통령이자 환경운동가로 유명한 앨 고어를 사기혐의로 고소했습니다. 지구온난화와 기후변화 문제를 너무 부풀렸다는 이유에서입니다. 그뿐만이 아닙니다. CNN 진행자인 글렌 벡은 "지구온난화는 인류 역사상 최대의 사기사건이 될 것"이라고 주장했습니다. 그는 고어의 저서 『불편한 진실』을 패러디한 제목의 베스트셀러 『불편한 책』에서 이렇게 외쳤습니다. "기상전문가들은 지구온난화에 회의적인 반응을 보이면 직장에서 해고 당할 것으로 생각하고 있기 때문에 침묵하고 있다. 지구온난화에 대한 반론의 언로■路가 막혀 있고, 만약 제기하면 마녀사냥에 의해 공격당할 것이다."

여러분은 어떻게 생각하는지요? 동의하는 분도 있을 겁니다. 제가 말씀드리고 싶은 것은 사람마다 개개인의 의견이 다른 것처럼 어떤 한 사실에 대해 과학적 연구도 상당히 다를 수 있다는 겁니다. 그러나 중요한 것이 있습니다. 양심을 동반한 주장이어야 한다는 거죠. 다시 너무나 인간적으로 세상을 살아온 천문학자 세이건으로 돌아가 봅시다.

탈레스의 우화에서 읽는 인간의 진면목

"A scientific colleague tells me about a recent trip to the New Guinea highlands where she visited a stone age● culture hardly contacted by Western civilization. They were ignorant of wristwatches, soft drinks, and frozen food. But they knew about Apollo 11. They knew that humans had walked on the Moon. They knew the names of Armstrong and Aldrin and Collins. They wanted to know who was visiting the Moon these days. 한 동료 과학자가 최근 뉴기니아 고원을 방문한 이야기를 들려주었다. 동료는 서양문화가 근접할 수도 없는 석기시대 문화를 접했다. 그들은 손목시계, 탄산음료, 그리고 냉동 식품이 뭔지를 몰랐다. 그러나 그들은 달에 발을 디딘 암스트롱, 알드린, 그리

●
stone age 석기 시대. 구석기 시대(=the paleolithic age, the Old Stone Age), 신석기 시대(=the neolithic age, the New Stone Age). bronze age 청동기 시대. iron age 철기 시대. ice age 빙하 시대.

고 콜린스의 이름을 알고 있었다. 그들은 인간이 달에서 걸어 다녔다는 것을 알고 있었다. 그리고 그들은 최근 누가 달을 방문했는지 알고 싶어 했다."

이처럼 사람은 하늘에 대한 관심이 많습니다. 우주의 신비에 대해 너무나 많은 관심을 갖고 있다는 이야기입니다. 탈레스가 하늘을 보다가 개울에 빠진 이야기가 시사하는 바를 바로 세이건이 이야기하고 있는 겁니다. 왜 사람은 두 발을 딛고 있는 땅에 대한 관심보다도 도저히 닿을 수 없는 하늘과 우주에 관심이 많은 걸까요? 왜 하늘의 혁명인 코페르니쿠스의 이론이 땅의 혁명인 다윈의 진화론보다 앞서 나온 것일까요? 생물학의 역사가 일천한 데 비해 천문학의 역사는 왜 그렇게 오래됐을까요? 바로 우리가 인간이기 때문입니다.

"Since, in the long run, every planetary society will be endangered by impacts from space, every surviving civilization is obliged to become spacefaring* - not because of exploratory or romantic zeal, but for the most practical reason imaginable: staying alive. 결국 모든 행성들의 사회는 우주의 충격으로 위험에 빠질 것이기 때문에 현존하는 모든 문명세계는 우주여행을 떠나야 할 의무가 있다. 탐험이나 낭만

---

spacefaring 우주여행의, 우주여행.
harbor 항구(=port), 항만. a harbor of refuge 피난항. 피난처, 은신처, 잠복처(=refuge). a harbor for criminals 범인 은신처, Home is a harbor from the world 가정은 세상으로부터의 피난처이다. give harbor to (죄인 등을) 은닉하다. in harbor 입항 중인, 정박 중인. (죄인 등을) 숨겨 주다. harbor the refugees 피난

적인 질투에서가 아니다. 상상할 수 있는 실질적인 이유 때문이다. 살
아남아야 한다는 이유다."

재미있는 이야기인가요, 아니면 허황된 이야기인가요? 그렇다면 이
세상에서 무엇이 실질적인 것이고 무엇이 허황된 것인가요? 갑자기 머
리가 복잡해지고 혼란스러워지나요?

"The Earth is the only world known so far to harbor* life. There is
nowhere else, at least in the near future, to which our species could
migrate. Visit, yes. Settle, not yet. Like it or not, for the moment the
Earth is where we make our stand*. 지구는 지금까지 알려진, 우리가
생을 맡길 수 있는 유일한 곳이다. 적어도 가까운 미래에 우리 인류가 이
주할 곳은 어디에도 없다. 방문은 가능하다. 그러나 아직 정착은 불가능
하다. 좋든 싫든 간에 당분간 지구는 우리가 발을 딛고 살아갈 곳이다."

그래서 지구를 사랑해야 합니다. 따라서 환경오염도 줄이고 지구온
난화의 주범인 이산화탄소 배출량을 줄이는 데 최선을 다해야 하겠죠?

민에게 거처를 제공하다. harbor the fugitive 도망자를 숨겨 주다. (계획 · 생각 등을) 품다. harbor a
superiority complex 우월감을 품다. harbor the wish to be an artist 예술가가 되려는 꿈을 품다. These
parasites harbor in the liver 이 기생충은 간에서 산다.
make our stand 발을 디디고 살다. 거처를 마련하다.

사무라이 게에서
진화론을 읽다

일본 무사 사무라이 아시죠? 그렇다면 사무라이 게에 대해서 들어보셨는지요. 등껍질에 험상궂은 사무라이 모습이 아주 선명하게 새겨져 있는 게인데 아무도 투구를 쓴 사무라이 모습이 바다 게라는 하등동물의 등 위에 새겨진 이유를 과학적으로 설명하지 못하고 있습니다.

사무라이 게와 '인위선택설'

그러나 세이건은 여기에서 진화론이 무엇인지를 터득했다고 합니다. 바로 인위선택설artificial selection입니다. 전설 속의 이야기 때문에 사람들이 이 게를 먹지 않고 놓아줬고 그래서 번성했다는 이야기입니다. 인위적 선택에 의해 한 종의 영속과 번성이 결정되었다는 주장. 이것이 인위선택설입니다.

사무라이 게는 한국, 중국 등지에서도 간혹 잡히지만 일본 게로 알려졌습니다. 일본어로 사무라이 게는 원래 '헤이케 가니平家蟹'로 헤이씨平氏 가문의 게라는 뜻입니다. 여기에는 다음과 같은 전설이 얽혀 있습니다. 1185년 일본은 내전의 소용돌이에 휘말렸습니다. 무사 출신의 헤이지平氏와 겐지源氏 두 가문이 세력 다툼을 벌이고 있었습니다. 전통적으로 왕을 등에 업고 통치하던 기득권 세력인 헤이지 가문과 신흥세력인 겐지 가문은 치열한 혈투를 벌였는데, 결국 헤이지 가문은 지금의 시모노세키인 단노우라 전투에서 완전히 패해서 전멸당합니다. 그로 인해 당시 8살에 불과했던 안토쿠安德 천황은 바다에 몸을 던져 자살하고 말지요. 이 사건을 계기로 일본 최초의 무사정권인 가마쿠라 막부鎌倉幕府 시대가 열리게 됩니다.

요는 그 이후에 사무라이 게들이 바닷가에 나타났다는 겁니다. 이 지역에 살고 있던 어부들은 이 게들이 당시 해전에서 죽은 헤이지 사무라이들이 환생한 것으로 생각해서 다른 게들은 먹되 이 사무라이 게들은 놓아주었다고 합니다. 덕분에 사무라이 게들은 살아남았고 깊은 역사와 전설을 간직한 주인공이 된 것이죠.

사연은 이렇습니다. 평범한 모양의 등딱지를 가진 게는 사람들에게 속속 잡아먹혀서 후손을 남기기 어려웠지만 등딱지가 조금이라도 사람

의 얼굴을 닮은 게는 사람들이 다시 바다로 던져 넣은 덕분에 많은 후손
을 남길 수 있었지요. 세월이 흐를수록 사무라이의 얼굴과 비슷한 등딱
지를 가진 게들의 생존 확률이 더 높아졌고 마침내 단노우라에는 엄청
나게 많은 사무라이 게들이 살게 됐습니다. 이 과정을 우리는 인위도태
혹은 인위선택이라 부릅니다. 자연도태, 자연선택natural selection과 상반되
는 용어죠.

칼 세이건은 이 게들을 통해 '진화는 꼭 자연선택이 아니라 인위적
선택에 의해서도 가능하다'는 주장을 편 겁니다. 물론 상당한 비난을
받기도 했습니다. 전설에 기반한 주장이었으니까요. 그러나 사무라이
게를 통해 세이건이 주장한 진화론의 진의는 다른 곳에 있을지도 모릅
니다.

"인간적인 진화가 필요하다"

어쩌면 진화는 생명체 간에 오랜 세월 동안 이루어진 투쟁의 산물이라기
보다 인간적인 결과의 산물일 수도 있지 않을까요? 만일 인간적 개입이
가능하다면 우리는 궁극적으로 서로 돕고 의지하는 종으로의 진화가 가
능한 것 아닐까요? 세이건이 사무라이 게를 보며 생각한 것은 이런 부분
입니다.

●
arena 격투기장, (중앙에 모래를 깔아 설비한) 경기장, 씨름판, 도장. 활동 무대, 경쟁의 장. enter the
arena of politics 정계에 들어가다.
fraction 파편, 단편, 적은 일부. in a fraction of a second 1초의 몇 분의 1 동안에, 순식간에. (수학) 분수.
a common[vulgar] fraction 보통 분수. a decimal fraction 소수.
posture (몸의) 자세, 마음가짐, 정신적 태도. 자세[태도]를 취하다, ~인 체하다(as). posture as a critic 비
평가연하다. 태도를 취하게 하다. The painter postured his model 화가는 모델에게 포즈를 취하게 하였

인간적인 천문학자 칼 세이건의 명언이나 문장을 읽을 때면 그가 얼마나 우주를 사랑했는지, 또 우리가 사는 지구에, 그리고 인간에 얼마나 깊은 애정을 가졌는지가 느껴져 눈물이 나올 정도로 가슴이 뭉클해지기도 합니다.

어떻게 보면 천문학은 인간수양의 최고 학문이라고 할 수 있습니다. 우리가 사는 지구만이 중요한 것은 아닙니다. 지구와 같은 행성은 저 넓은 우주에 수없이 존재할 수 있습니다. 우리가 그런 생각을 좀 더 확고히 갖는다면 정치, 종교, 이념이 다르다는 이유로 서로 죽이는 전쟁은 없었을 겁니다.

세이건의 『창백한 푸른 점』을 읽어 볼까요? 조금 길지만 집중해 봅시다.

"The Earth is a very small stage in a vast cosmic arena*. Think of the rivers of blood spilled by all those generals and emperors so that, in glory and triumph, they could become the momentary masters of a fraction* of a dot. Our posturing*, our imagined self importance, the delusion that we have some privileged position in the Universe, are challenged by this point of pale light. Our planet is a lonely speck* in the great enveloping cosmic dark. In our obscurity*, in all this vastness,

다. (부대 등을) 배치하다.
speck 작은 얼룩(흠), 작은 반점, 작은 홈, 오점, 아주 작은 조각〈of〉.
obscure (소리 · 모양 등이) 분명치 않은, 흐릿한(=vague). an obscure voice 희미한 목소리. 이해하기 어려운, 모호한. an obscure passage 뜻이 모호한 구절. 잘 알려지지 않은, 미천한(=humble). be of obscure origin[birth] 미천한 출신이다. an obscure little house 외딴 작은 집, an obscure poet 무명의 시인. 어두컴컴한(=dim).

there is no hint that help will come from elsewhere to save us from ourselves. It has been said that astronomy* is a humbling and character building* experience. There is perhaps no better demonstration of the folly of human conceits than this distant image of our tiny world. To me, it underscores our responsibility to deal more kindly with one another, and to preserve and cherish the pale blue dot, the only home we've ever known. 지구는 광대한 우주의 현장에서 아주 작은 무대에 지나지 않는다. 여러 장군과 황제들이 흘렸던 유혈流血의 강을 생각해 보라. 그들은 영광과 승리 속에서 살았지만 이처럼 작은 파편을 일시적으로 정복한 사람들에 지나지 않는다. 우리가 우주에서 특별히 중요하다는 생각, 다시 말해서 우주 속에서 특별한 권한을 부여받았다는 망상은 창백하게 빛나는 이 점에 의해 도전받고 있다. 우리의 행성은 거대하게 펼쳐진 우주의 어둠에 싸여 있는 외로운 작은 점에 불과하다. 인간은 이처럼 어리석고, 우주는 이처럼 광대하다. 우리 자신으로부터 우리를 구하는 것 외에 다른 것으로부터 구원의 손길이 올 가능성은 거의 없다. 오랫동안 천문학은 겸손과 인격수양의 학문으로 일컬어져 왔다. 아마도 먼 시각에서 바라본 우리 세계(지구)의 모습만큼이나 인류의 자만심과 어리석음을 증명해 줄 것은 없을 것이다. 나에게 그 모습은 어떤 책임감을 강조하고 있다. 서로 간에 더욱 친절하게 지내고 우리의 유일한

---

astronomy 천문학, nautical astronomy 항해천문학.

character building 인격 수양의, 인격도야의.

aggregate 집합, 총계, 총수, 총액. 집합적인(=collective), 총계의(=total). 모으다, 결집시키다. 총계 ~이 되다(=amount to). The money collected aggregated 2,000 dollars 수금된 돈은 합계 2,000달러가 되었다. aggregate tonnage 총톤수, aggregate demand (일정 기간의 상품 및 서비스의) 총수요.

고향인 이 창백한 푸른 점을 잘 보존하고 소중히 감싸 안을 줄 알아야
한다는 것이다."

창백한 푸른 점이 무엇인지는 길게 설명하지 않아도 알 수 있겠지요?
세이건은 다시 강조합니다.

"Look again at that dot. That's here. That's home. That's us. On it
everyone you love, everyone you know, everyone you ever heard of,
every human being who ever was, lived out their lives. 저 점을 다시 보
라. 저 점이 바로 여기(지구)이고, 우리의 집이고, 또한 우리 자신이다. 당
신이 사랑하는 모든 이들, 당신이 아는 모든 이들, 당신이 이름을 들어봤
던 모든 이들, 존재했던 모든 인류가 그 위에서 그들의 삶을 살아갔다."

지구를 사랑해야 하는 이유가 무엇인지 이제 알 수 있겠지요? 조금
더 읽어 볼까요?

"The aggregate* of our joy and suffering, thousands of confident
religions, ideologies, and economic doctrines, every hunter and forager*,
every hero and coward*, every creator and destroyer of civilization,

---

forager 마초, 꼴, (말과 소의) 먹이(=fodder), 마초 징발, 식량 구하기. 약탈, 습격(하다). 마초를 찾아다니
다, 식량을 징발하다. 마구 뒤지며 찾다(=rummage). forage among the villages 여러 마을로 식량을 찾아
다니다. He foraged in the pockets of his coat 그는 상의 주머니를 이리저리 뒤졌다. forage about to find a
book 여기저기 뒤져 책을 찾다. 침입[침략]하다〈on, upon〉.
coward 겁쟁이, 비겁한 사람, 겁이 많은, 소심한, 비겁한. a coward blow 비겁한 공격. cowardice 겁.

every king and peasant, every young couple in love, every mother and father, hopeful child, inventor and explorer, every teacher of morals, every corrupt politician, every 'superstar', every 'supreme leader', every saint and sinner in the history of our species lived there on a mote of dust suspended in a sunbeam*. 인류 역사 속의 모든 즐거움과 고통, 수많은 독단적인 종교들, 이데올로기, 경제이론, 사냥꾼과 약탈자, 영웅과 겁쟁이, 문명의 창조자와 파괴자들, 왕과 농부, 서로 사랑하는 젊은 남녀, 부모들, 희망에 찬 어린이들, 발명가와 탐험가들, 도덕 선생님들, 부패한 정치가들, 모든 '슈퍼스타들', 모든 '최고의 지도자들', 그리고 역사 속의 성인들과 죄인들도 햇빛 속에 떠도는 작은 먼지(지구)에서 살았다."

공존과 상생의 길을 추구해야

세이건이 명명한 창백한 푸른 점, 지구는 광활한 우주에 비한다면 그저 한구석에 쓸쓸히 위치한 푸른 점에 불과합니다. 마치 지구가 우주의 중심인 양, 그래서 우리 인간이 최고인 양 거만 떨지 말라는 이야기입니다. 그렇다고 해서 우리의 고향인 지구를 버리라는 이야기도 아닙니다. 천문학이 인격수양의 학문이 돼 온 것은 바로 그런 이유 때문입니다. 서

●
sunbeam 태양광선, 햇살, 일광.

로 더욱 사랑하고 지구를 아껴야 한다는 이야기입니다.

우리가 당면한 문제점을 잘 이해해야 합니다. 지구온난화와 환경오염을 방지하기 위해 모두 팔을 걷어붙이고 노력해야 합니다. 종교와 정치, 그리고 서로 다른 인종이라는 한계에서 벗어나 서로 공존하면서 상생相生의 길을 모색해야 할 때입니다.

우리는 어떻게
살아야 하나?

　'다윈의 불도그Darwin's Bulldog'라는 별명을 얻을 정도로 다윈의 진화론을 옹호하는 데 앞장섰던 영국 생물학자 토마스 헉슬리는 1860년 영국 과학의 요람이라고 할 수 있는 영국왕립협회에서 벌어진 진화론과 기독교와의 논쟁에서 입심 좋기로 유명한 윌버포스 주교를 물리쳤습니다.

　"원숭이가 조상이라면 당신의 할머니요, 할아버지요?"라며 빈정거리는 윌버포스 주교에게 헉슬리는 말합니다.

　"I would rather be the offspring of two apes than be a man and afraid to face the truth. 진실을 대하기를 두려워하는 사람이 되기보다 차라리 두 원숭이의 자손이 되는 편이 낫겠습니다."

재미있는 대답이죠? 그는 또 이렇게도 말했습니다.

"The man of science has learned to believe in justification, not by faith, but by verification. 과학자란 (종교나 이념과 같은) 신념이 아니라 검증에 의해 정당한 것을 믿어야 한다고 배운 사람이다."

진화론과 창조론의 결투

사람에게 신념은 중요한 문제입니다. 때로는 살아가는 힘의 원천이 되기도 합니다. 사람에 따라서 자본주의에 대한 신념을 지닌 사람이 있는가 하면 공산주의에 대해 신념을 가진 사람도 있습니다. 그러나 적어도 과학자라면 사실과 증거에 기초를 둔 진실에 믿음을 가져야겠지요. 헉슬리의 이야기는 종교적 신념을 과학으로 끌어들이거나, 반대로 과학에 대한 신념을 종교로 끌어들이는 행위는 삼가라는 일종의 경고이기도 합니다. 또 종교는 과학적 논쟁의 대상이 될 수 없다는 이야기이기도 하지요.

다윈에 대한 새로운 평가들이 다양하게 등장하는 가운데 기독교 근본주의가 강한 미국에서는 진화론에 밀릴까 염려돼서 그런지 창조론을 재가공한 신新창조론인 지적 설계론Intelligence Design이 기승을 부리며 과학자들과 종교 우파 간에 해묵은 논쟁이 가열되고 있다는 소식이 들립니다. 사실 지난 10년간 창조론자들은 교실에서 창조론은 빼놓은 채 진화론만 가르치는 것이 학생들의 학문 선택에 대한 자유를 침범하는 것이라며 창조론의 변종이라고 할 수 있는 지적 설계론도 함께 가르쳐야 한다고 목소리를 높여 온 게 사실입니다.

지적 설계론은 아주 전능한 '지적인 존재'가 자연을 창조했다는 이론입니다. 창조론의 변형된 형태이지만 기독교의 '하느님'이라는 단어를 직접 사용하지는 않습니다. 그러나 결국 기존의 창조론과 다를 바가 없다는 것이 일반적 주장입니다. 전능하고 유일한 지적 존재는 결국 신, 기독교의 '그분'과 다르지 않은 의미일 테니까요.

세계 최대 과학 강국인 미국 국민의 63퍼센트가 어떤 식으로든 간에 창조론을 믿고 있는 것으로 조사됐다는 이야기도 들립니다. 미국인 대다수가 인간이 현재의 모습 그대로 항상 존재해 왔다고 믿거나 절대자의 뜻에 따라 현재의 형태로 발전해 왔다고 생각하고 있는 반면, 26퍼센트 정도가 다윈이 밝힌 것처럼 자연선택에 의해 인간이 현재의 형태로 진화해 온 것으로 믿는다는 겁니다.

2005년 캔자스 주 교육위원회는 학교에서 진화론 외에 지적 설계론을 가르치는 것을 허락한 바 있습니다. 반면 1년 전 펜실베이니아에서는 학부모가 학교에서 지적 설계론을 가르치는 것을 금지해 달라는 소송을 제기해 승소를 거두었지요. 진화론과 창조론의 결투는 여전히 미국에서 엎치락뒤치락 거듭하며 계속되고 있습니다. 지난 2009년 1월 텍사스 주 교육위원회 공청회에서는 진화론의 강점뿐 아니라 약점에 대해서도 과학교과서에 명시해야 한다는 법안을 놓고 진화론자들과 창조론자들이 열띤 논쟁을 벌였습니다. 결국 교육위원회는 진화론의 손을 들어 줬습니다.

그러나 미국 내 창조론을 지지하는 압력단체는 교회나 성당을 비롯해 아주 많습니다. 과학계에도 존재합니다. 반대로 진화론을 지지하는 압력단체도 있습니다. 대표적인 것이 바로 전미과학교육센터NCSE죠. 이곳의 소장이 바로 『진화론 대 창조론』의 저자인 유진 스콧 박사입니다. 그는 한결같이 "생물의 진화과정에서 일어난 모든 일을 우리가 일일이 이해할 수 있는 것은 아니다. 그러나 진화론에는 약점이 없다"는 주장을 굽히지 않습니다.

여러분은 어떻게 생각하는지요? 또 진화론이든 창조론이든, 혹은 다른 어떤 이론을 지지하든 간에 자연과 우주에 대한 여러분 자신의 판단에 여러분의 종교가 크게 작용하고 있는 것은 아닌가요? 우리는 진화론이 맞는지, 맞지 않는지에 대해 과학적 근거에 의해서가 아니라 종교를 믿기 때문에 어떤 판단을 하는 것은 아닐까요?

노예제에 대한 반감에서 출발한 진화론

창조론과 진화론의 옳고 그름을 이 자리에서 판단하기는 어렵습니다. 그것은 과학의 오랜 숙제였지요. 이 자리에서 이론의 우열을 가리기보다는 한 가지, 진화론이 지녔던 또 다른 의미를 짚고 넘어가는 것이 좋겠습니다. 진화와 종의 기원에 관한 찰스 다윈의 혁명적인 사고의 바탕에 관한 이야기인데요, 다윈은 당시 일반적 사회제도였던 노예제도에 대해 강력한 혐오감을 갖고 있었다고 전해집니다. 다시 말해서 진화론이라는 유레카eureka가 바로 노예제도에 대한 반감에서 나왔다는 것이지요. 다윈은 노예제도에 환멸을 느껴 진화론을 주장하게 되었고, 결국 진화론은 일종의 다윈의 인간에 대한 평등사상과 박애주의로서 출발한 것이라는 평가가 있습니다.

어디까지나 가정일 뿐이지만, 지구에 사는 생물체가 어떤 형식으로든 간에 진화의 산물이라면 동물이나 식물 등 생명체에 대한 무자비한 공격은 없지 않았을까요? 그리고 무분별한 자연훼손이나 종교와 인종에 대한 편견으로 인한 전쟁과 살육도 없었겠죠?

칼 세이건이 『잊혀진 조상의 그림자Shadows of Forgotten Ancestors』에서 남긴 말을 음미해 볼까요? 그리고 나서 다윈이 어떻게 해서 노예제를 싫어하게 됐는지 더 자세히 알아보죠. 다윈의 진화론이 생명사랑에서 나왔다면 칼 세이건의 지구와 우주사랑도 같은 맥락이라 할 수 있으니까요.

●
castrate 거세하다(=geld), 난소를 제거하다. ~의 힘을 빼앗다, (삭제)정정하다. 거세[난소를 제거]당한 사람[동물]. order to be castrated 궁형(宮刑)을 내리다.
fillet 필레 살(소와 돼지는 연한 허릿살인 tenderloin, 양은 넓적다리 살), 가시를 발라낸 생선 토막. (생선의) 살을 발라내다, (소 등에서) 필레 살을 베어내다. (머리를 매는) 끈, 리본, 머리띠, 가는 띠.
penchant ~에 대한 경향(for), 기호(=liking). have a penchant for sports 스포츠를 매우 좋아한다.
pretend ~인 체하다, 가장하다(to), 사칭(詐稱)하다(=assume), pretend ignorance 시치미 떼다(모른 척하다), pretend illness 꾀병 앓다. (특히 거짓으로) 주장하다, 구실로 삼다. (아이들이 놀이에서) ~하는 흉내

"Humans - who enslave, castrate*, experiment on, and fillet* other animals - have had an understandable penchant* for pretending* animals do not feel pain. A sharp distinction* between humans and 'animals' is essential if we are to bend them to our will, make them work for us, wear them, eat them - without any disquieting tinges of guilt or regret. 다른 동물을 노예로 부리고, 거세去勢시키고, 실험용으로 쓰고, 또 토막을 내어 필레를 만드는 인간들은 동물들이 고통을 느끼지 않는다고 거짓 주장을 펴곤 한다. 우리 인간을 위해 일을 하도록 하고, (가죽을) 입고, 먹기 위해 후회나 죄의식이라는 걱정의 기색은 전혀 없이 동물들을 우리의 의지에 완전히 복종하게 하려면 사람과 동물이 현저하게 다르다는 구분이 필수적이다."

다시 말해서 종교적인 이유에서이든 만물의 영장이라는 인간 우월주의라는 이념적인 이유에서이든 동물은 인간과 생물학적으로 같지 않으므로 대하는 것이 크게 달라도 괜찮을 것이라고 생각하는 잔인한 사람들이 있다는 겁니다. 그러나 좀 더 진화론적 관점에서 생각한다면 서로 어울려 사는 상생과 공존이 필요하다는 지적이지요. 이어지는 대목을 좀 더 봅시다.

를 내다. Let's pretend (that) we are pirates 해적 놀이를 하자. I cannot pretend to ask him for money 그에게 감히 돈을 빌려 달라고 할 수 없다. Are you really sleepy, or only pretending? 정말 졸린 거냐, 아니면 그저 졸린 체하는 거냐?
distinction 구별, 차별, 식별, 판별, ~과의 차이(=difference). 훌륭한 성적, 영예, 특별 대우. a man of distinction 유명한 인사. gain[obtain, win] distinction 수훈을 세우다, 이름을 빛내다. Pass an examination with distinction 우수한 성적으로 시험에 합격하다. lack distinction 위엄이 없는, 개성이 없는.

"It is unseemly* of us, who often behave so unfeelingly toward other animals, to contend that only humans can suffer. The behavior of other animals renders such pretensions specious*. They are just too much like us. (그러나) 다른 동물에 대해 종종 잔인하게 행동하는 우리에게도 인간만이 고통을 느낀다는 주장은 꼴사납게 보인다. 다른 동물들의 행동을 보면 (다른 동물들이 고통을 느끼지 않는다는) 이와 같은 주장은 그럴듯한 구실에 지나지 않는다. 그들은 우리와 너무 비슷하다."

노예제 반대는 집안 내력

다윈이 방문했던 갈라파고스의 앵무새와 핀치새, 코끼리거북과 땅늘보가 다윈의 진화론 형성에 핵심적인 역할을 한 것은 틀림없지만 마음 한가운데는 그가 목격한 야만적인 노예제도에 대한 혐오감이 떠나지 않았던 겁니다.

2009년 다윈 탄생 200주년을 맞아 다윈이 생전에 친척들과 친구들에게 보냈던 편지들과 자신이 쓴 기록물들이 공개됐습니다. 수많은 자료들을 분석한 결과 다윈이 직접 표현하진 않았지만 노예제도 철폐emancipation라는 신성한 목표를 갖고 있었던 것으로 추측하고 있습니다.

다윈은 비글호를 타고 5년 동안 항해하면서 흑인 노예들이 채찍질과

. unseemly 보기 흉한, 꼴사나운, 어울리지 않는, 부적절한(=improper). (부사로) 보기 흉하게, 꼴사납게.
specious 외양만 좋은, 그럴듯한(=plausible), 탈을 쓴, 눈가림한. specious pretexts 그럴듯한 구실[핑계].

고문을 당하는 광경을 생생하게 목격했으며 고분고분하지 않은 노예들에게 자식들을 팔아버리겠다고 위협하는 주인들의 얘기를 가장 끔찍하게 여겼습니다.

다윈은 한 편지에서 불쌍한 노예들을 측은하게 여기면서 이에 대해 "It makes one's blood boil. 피를 끓게 하는 일"이라고 기록하고 있습니다. 대단히 인간적인 구석을 발견할 수 있는 대목입니다. 그는 1845년에 발표한 비글호 항해기에서 흑인 노예들의 참상을 목격한 뒤 "……powerless as child even to remonstrate*. 항의 한마디 못하는 자신이 어린애처럼 무력하게 느껴졌다"고 표현했습니다. 귀국 후 그는 노예제도의 정당성을 뒤집는 이론을 개발하기 시작했고 여기에서 진화론이 탄생했다고 합니다.

학자들은 다윈이 노예제도에 대해 세간의 세찬 비난을 의식해 침묵을 지키면서도 서로 다른 여러 종의 '공동조상common descent'이라는 반노예적 이론의 근거를 제시하게 된 동기를 그의 가정 배경에서 찾고 있습니다. 다시 말해서 다윈의 선조들도 꼭 같이 노예제를 반대했다는 것입니다. 다윈의 외할아버지인 조시아 웨지우드는 유명한 도자기 업체 소유주로, 웨지우드사의 대표적인 카메오(cameo, 양각 세공품)에는 무릎 꿇은 흑인 노예가 "Am I Not a Man and a Brother? 나는 사람도 아니고 형제도 아닌가요?"라고 말하는 모습이 새겨져 있습니다. 또한 조시아는

---

remonstrate 간언하다, 충고하다〈on, upon, about〉. 항의하다(=against).

장장 5만 6,000킬로미터의 항해를 하며 세계 도처에서 자행되는 노예무역의 실태를 조사한 반노예운동가 토머스 클라크슨에게 자금을 대기도 했습니다.

다윈의 외삼촌이자 장인인 조스 웨지우드는 런던에 있는 전시장을 판 돈을 반노예단체에 기부했으며 영국 깃발 아래에 있는 노예의 모습과 함께 "God Hath Made of One Blood All Nations of Men. 신은 하나의 피로 모든 민족을 만들었다"라는 문구가 새겨진 상표를 사용했습니다. 아메리카 대륙에서 여전히 노예무역이 성행하던 1850년대의 일이었습니다. 이런 환경에서 자란 다윈은 에든버러 대학에 재학 중이던 16살 해방된 노예와 들판을 누비면서 친한 친구로 지냈습니다. 이 무렵 영국을 방문한 미국인들은 백인과 흑인이 친구로 지내는 것을 아주 역겨운 일로 간주했습니다.

다윈은 비글호 항해에서 돌아온 지 몇 달 만에 공동자손이라는 진화론적 관점에 매달리기 시작했습니다. 과학연구에 정치와 도덕이 개입하는 것을 하나의 오염 사례로 보는 사람들이 있지만 다윈의 경우는 이를 성공적으로 결합한 사례라고 할 수 있습니다.

진화론이 만들어진 배경을 통해 우리는 다윈의 진화론이 인간을 동물로 전락시킨 것이 아니라는 것을 알 수 있습니다. 오히려 진화론적 사고 덕분에 우리는 인간이 우주의 중심이 아닌 수많은 생명체 중의 하나라는 깨달음을 얻고 인간을 인간답게 만드는 고유한 특성이 어떤 것인지를 알게 되었다고 볼 수 있습니다.

세이건의 지적처럼 인간은 현재와 같은 세련된 존재로 진화했기 때문에 오히려 고귀하다고 볼 수 있는 거죠. 만물의 영장이라는 사실을 편협하게 미화한 인간중심주의에서 벗어나야 인류가 직면하고 있는 지구온난화, 환경오염, 생물다양성 보존 등 산적한 문제들을 풀 수 있다고 생각합니다.

상생의 이유를 밝히다

『잊혀진 조상의 그림자』는 세이건과 아내 앤 드루얀이 미국과 소련 사이에 군비확장 경쟁이 끝없이 계속될 것만 같던 시대에 쓴 책입니다. 당대를 쥐락펴락하던 어리석은 행위들의 근본에 있는 정치적, 감정적 기원을 파헤치고 일종의 교훈을 전하기 기획된 것이었습니다.

냉전의 역사적 뿌리는 분명 20세기 초반의 양차 세계대전이었겠지만, 그 역사적 뿌리를 다시 따지자면 농경과 목축에서 본격적으로 시작된 인류 문명 자체에 닿아 있다는 인식을 가졌던 그들은 문명이 그렇게 형성된 이유, 인류가 문명을 그렇게 만들어 낸 이유를 찾으려면 인류 탄생 이전을 살펴야 한다는 결론에 이르게 됩니다. 그래서 진화론의 탄생과정, DNA의 기본 원리, 40억 년에 가까운 생명 진화의 이야기를 하나 하나 짚어 나갑니다. 그리고 영장류의 등장과 영장류의 행동 양식에서 볼 수 있는 우리 조상들의 흔적, 우리 현생 인류와의 연결 고리를 찾아 나갑니다. 그것을 통해 인류가 처해 있는 시급한 위기, 다시 말해서 민족 간의 갈등, 문명 간의 투쟁, 종교 간의 대립, 환경파괴, 생물다양성의 급격한 감소 등을 해결할 수 있는 열쇠를 발견할 수 있다는 희망을 전합니다.

진화론적으로 볼 때 우리 인간은 지구 생명계의 정점에 군림하는 만물의 영장이라며 폼 잴 계제가 못 됩니다. 인류는 진화라는 거대한 흐름 속에서 200만 년 전이라는 비교적 최근에 출현한 생명계의 새로운 식구입니다. 인류와 다른 생명의 관계를 새롭게 정립할 필요가 여기에 있습니다. 우리는 왜 땅을 기어 다니는 지렁이와 우리를 괴롭히는 온갖 곤충과 같은 미물에 이르기까지 다양한 생명체들과 함께 공존 상생해야 하는지를 다시 한 번 생각할 필요가 있습니다.

하모니를 추구해야

값진 삶을 살고 싶다면
아침에 눈을 뜨는 순간 이렇게 생각하라.
"오늘은 단 한 사람을 위해서라도 좋으니
누군가 기뻐할 만한 일을 하고 싶다"고.

– 니체

    이제 해답은 간단합니다. 인류의 과제는 가장 세련되게 진화한 인간들 간에 화해하고 평화를 추구하는 일입니다. 그리고 지구를 감싸고 있는 우주와 대화를 시도해야 하고, 또 만약 있다면 외계 생물체와도 조화롭게 살아갈 길을 모색해야 합니다. 그래서 우주로 나가야 합니다.

"If we lived on a planet where nothing ever changed, there would be little to do. There would be nothing to figure out*. There would be no impetus* for science. And if we lived in an unpredictable* world, where things changed in random or very complex* ways, we would not be able to figure things out. But we live in an in between* universe, where things change, but according to patterns, rule, or, as we call them, laws of nature. If I throw a stick up in the air, it always falls down. If the sun sets in the west, it always rises again the next morning in the east. And so it becomes possible to figure things out. We can do science, and with it we can improve our lives. 만약 우리가 변하는 것이라고는 하나도 없는 절대불변의 행성에서 산다면, 할 일이란 거의 없을 것이다. 연구하거나 찾을 게 없기 때문이다. (그래서) 과학에 대한 충동은 없기 마련이다. 반대로 만약 예측할 수 있는 거라곤 전혀 없는 세계, 즉 모든 것이 제멋대로, 아주 복잡하게 변하는 곳에서 산다면 또한 뭔가를 연구하거나 찾아낼 수도 없을 것이다. 그러나 우리는 중간 정도의 세계에 살고 있다. 모든 것은 변하지만 패턴이나, 규칙, 또는 소위 자연의 법칙에 따라 움직인다. 만약 내가 지팡이를 공중으로 던지면 언제나 땅으로 떨어진다. 서쪽으로 태양이 지면 다음 날 아침 동쪽에서 뜬다. 그래서 뭔가를 찾아내는 것이 가능해진다. 그래서 과학을

●
figure out 이해하다, 발견하다, ~을 생각해내다(=reason out). ~을 계산하다(=calculate). Figure it out yourself 스스로 생각해 내시오.
impetus (물체를 움직이는) 힘, 기동력, 기세, 자극, 충동. give[lend] (an) impetus to ~에 자극을 주다, ~을 촉진하다.
predict 예언[예측]하다, 예보하다(=foretell).

할 수 있다. 그리고 그러한 과학으로 우리의 삶을 개선할 수가 있다"

우리는 값지고, 보람 있고, 진실한 삶을 꿈꾸며 삽니다. 과학을 하는 이유도 그렇지 않을까요? 과학은 아름다운 휴머니티를 파괴하기 위한 것이 아니라 오히려 아끼고 지켜 나가기 위한 것입니다.

· "Human beings are good at understanding the world. We always have been. We were able to hunt game* or build fires only because we had figured something out. There was a time before television, before motion pictures, before radio, before books. The greatest part of human existence was spent in such a time. Over the dying embers* of the camp fire, on a moonless night, we watched the stars. 인간은 세상을 잘 파악한다. 우리는 언제나 그래 왔다. 우리는 뭔가를 생각하고 찾아낼 줄 알았기 때문에 사냥할 수 있었고 불을 피울 수 있었다. 텔레비전, 영화, 라디오, 그리고 책도 없었던 시기도 있었다. 인간은 대부분의 시간을 이런 식으로 보냈다. 우리(조상들)는 달빛이 없는 어두운 밤 모닥불이 사그라져 남은 잿불에 기대어 하늘의 별들을 바라보았다."

– 「코스모스」

complex 복잡한(=complicated), 착잡한, 얽히고설킨. 복합의, 합성의. (건물 등의) 집합체, 공장 단지. 고정관념. woman complex 여성공포감, a height complex 고소공포감.
in between 중간의, 중간에. 중간적인 것[사람], 중개자(=go between, intermediary).
hunt game 사냥하다. Hunt a big game 큰 짐승(맹수)을 사냥하다.
ember 타다 남은 것, 깜부기불, 잿불. rake (up) hot embers 잿불을 긁어모으다.

우주, 그리고 천문학에 대한 관심은 그야말로 인간의 본능입니다. 어떻게 보면 우리가 사는 땅, 지구는 미지의 세계가 아닙니다. 어느 정도는 알고 있고 직접 느끼고 체험할 수 있는 현장이나 다름없으니까요. 그러나 하늘은 완전히 미지의 세계죠? 그래서 사람들은 전혀 모르는 미지의 세계에 항상 관심을 갖습니다. 생물학보다 먼저 점성술을 비롯한 천문학이 발전한 것도 그런 이유 때문이 아닐까요?

"We do not ask for what useful purpose the birds do sing, for song is their pleasure since they were created for singing. Similarly, we ought not to ask why the human mind troubles to fathom* the secrets of the heavens··· The diversity of the phenomena of Nature is so great, and the treasure hidden in the heavens so rich, precisely* in order to that the human mind shall never be lacking in fresh nourishment*. 우리는 새가 어떤 유용한 목적을 위해 노래하고 있는지에 대해 묻지 않는다. 왜냐하면 그들은 노래 부르도록 창조됐으며 그래서 노래는 새들의 즐거움이기 때문이다. 마찬가지로 사람들이 왜 하늘의 비밀을 알기 위해 골치를 아파하는지를 묻지 않는다. 자연현상은 대단히 다채롭고, 하늘에 숨겨진 보물들은 너무 많다. 그래서 정확히 말하건대 인간이 새로운 자양분을 얻는 데도 결코 모자람이 없다."

– 요하네스 케플러

---

fathom 이해, 통찰. (사람의 마음 등을) 추측[간파]하다. 길(길이의 단위로 6피트, 혹은 1.83미터). 약자는 fm. *두 팔을 좌우로 벌렸을 때 한쪽 손끝에서 다른 손끝까지의 길이에서 비롯된. '열 길 물속은 알아도 한 길 사람 속은 모른다' 라는 우리나라 속담 속에 나오는 단위로 8(척)자 또는 10자로 되어 있다.
precise (정의나 지시 등이) 정확한(=exact), 정밀한, 명확한(=correct). (수량 등이) 정량의, 조금도 틀림없는. (사람의 태도가) 정확한, 까다로운, 꼼꼼한.
nourish 기르다(=bring up, feed, raise, foster, nurture), ~에게 자양분을 주다, (땅에) 거름[비료]을 주다.

자연은 너무나 변화무쌍하고 아름다워 언제나 싫증을 느끼지 않고, 하늘 또한 우리가 알아야 할 비밀들이 너무나 많이 숨겨져 있기 때문에 마치 새가 노래를 부르는 것이 본성이듯이 하늘과 우주를 공부하는 천문학에 대한 우리의 관심 또한 본성이라는 이야기죠? 그래서 "뭘 땅에서 일어나는 일도 잘 모르면서 뜬구름 잡는 쓸데없는 천문학이나 우주 연구에 매달리고 있느냐?" 하는 질문은 그야말로 어리석은 것입니다.

과학의 가치가 항상 효율성에만 있는 것이 아닙니다. 사실 과학이 효율적인 학문으로 변하기까지는 숱하게 많은 비효율의 시간이 필요했습니다. 세상이 별로 알아주지도 않는 천문학에 매달려 일생을 보내다가 이름 모를 어느 길가에서 쓸쓸히 죽음을 맞이한 요하네스 케플러가 우리에게 암시하는 바가 그렇습니다. 우주를 둘러싼 비밀이야말로 우리의 영혼과 정신을 풍요롭게 하는 아주 좋은 영양제입니다. 자신의 위대한 과학을 알아주는 사람 한 명 없었고, 그래서 경제적으로도 궁핍하게 살다가 죽어간 케플러가 연구를 계속할 수 있었던 이유도 마음속에 우주의 아름다움에 대한 숭고한 애정이 자리 잡고 있었기 때문입니다. 그러한 과학자들이 있었기에 우리 인류가 우주를 향한 발걸음을 내딛기 시작했다고 할 수 있습니다.

"We embarked* on our cosmic voyage with a question first framed

---

Milk nourishes a baby 우유는 젖먹이의 영양이 된다. (감정, 습관, 정신, 상태 등을) 키우다, 조장하다, (감싸) 보호하다. (희망, 노여움, 원한 등을) 품다.
embark 작은 배(bark)에 태우다. (비행기 등에) 태우다, 승선[탑승]시키다, 적재하다, 싣다(반대 disembark). (사업 등에) 투자하다. embark much money in trade 장사에 많은 돈을 투자하다. embark oneself in ~에 착수하다(=engage on). embark on matrimony 결혼 생활로 들어가다.

in the childhood of our species and in each generation asked anew with undiminished* wonder*: What are the stars? Exploration is in our nature. We began as wanderers*, and we are wanderers still. We have lingered* long enough on the shores of the cosmic ocean. We are ready at last to set sail for the stars. 인류는 어린 시절 처음으로 제기됐던 (우주에 대한) 의문을 갖고 우주항해를 시작했다. 세대는 다르지만 다시 끊임없는 경이감으로 질문을 다시 해왔다. 저 별들은 무엇일까? 탐구심은 우리의 본능이다. 우리는 경이감으로 시작했으며, 여전히 경이감 속에 빠져 있다. 우리는 이미 우주라는 대양의 해변에 서성거린 지 오래이다. 우리는 마침내 별들을 찾아 항해할 준비를 하고 있다."

어떻게 보면 우리가 살아가는 모습과 너무나 비슷하다는 생각이 듭니다. 우리가 접하는 자연에 엄연한 질서가 있듯이 자연을 둘러싸고 있는 우주에도 엄연한 일정한 질서가 있습니다. 그래서 이제는 우주항해를 위해서 열심히 노력해야 합니다. 미개척지인 우주를 향하는 노력은 결국 우리 인간을 찾아가는 길이고 우리를 있게 한 그 신비를 찾아 떠나는 일입니다. 중단할 수 없는 우리의 중요한 임무이기도 합니다.

"The surest way to corrupt a youth is to instruct him to hold in

●
diminish 줄이다. 감소하다(=decrease), (기둥의) 끝을 가늘게 하다, (권위, 명예, 지위, 평판 등을) 손상시키다, 떨어뜨리다. (자동사로) 줄다, 감소되다. diminish in speed 속도가 떨어지다. diminish in population 인구가 감소되다.
wonder 경이, 경탄, 놀라움. 경탄할 만핸[불가사의한] 겟[사람, 사건], 신동. The child is a wonder 그 아이는 신동이다. in wonder 놀라서. (자연계 등의) 경이로운 현상, 기적. 이상하게 여기다, (~을 보고) 놀라다, 경탄하다〈at, to do〉. I shouldn't wonder if he fails in the examination 그가 시험에 실패한다 해도 놀라지 않는다. I wondered at his calmness in such a crisis 그런 위기에 처해서 침착한 그를 보고 놀랐다. 놀라운, 경이로운.

higher esteem those who think alike than those who think differently.
젊은이를 망가트리는 가장 확실한 방법은 다르게 생각하는 사람보다
꼭 같이 생각하는 사람들을 더 높이 평가하라고 가르치는 일이다."

- 니체

기존의 고정관념에서 벗어나 우주적인 사고를 하고, 그 속에서 삶의
의미, 그리고 우주의 의미를 생각할 때입니다.

---

wander (정처 없이) 돌아다니다, 헤매다, 떠돌아다니다(=ramble, roam). wander lonely as a cloud 구름처
럼 외로이 떠돌다. 방랑하다, 유랑하다〈about, over〉. He wandered (all) over the world 그는 온 세계를 방
랑했다. (옆으로) 빗나가다. You've wandered (away) from the subject[point] 본론에서 (옆길로) 빗나갔다.
길을 잃다〈out, off, from〉. He wandered from the course in the mountain 그는 산속에서 길을 잃었다. You
may wander the world through, and not find such another 세계를 온통 헤매도 그런 것은 없을 것이다.
linger (아쉬운 듯이) 남아 있다, (떠나지 않고) 꾸물거리다, 서성대다〈round, about, over, on〉. They
lingered about in the garden after dark 어두워진 뒤에도 그들은 정원에 남아 있었다. (의심 등이) 좀처럼
사라지지 않다. ~하기를 망설이다. linger to say good by 작별을 망설이고 있다. linger over one's work 우
물쭈물 일하다. linger home 어슬렁어슬렁 집에 돌아가다. linger out one's life 하는 일 없이 살아가다.

우리는 땅과 하늘,
우주의 자식들이다

"Science and democracy have very consonant● values and approaches, and I don't think you can have one without the other. 과학과 민주주의는 (함께 공생하는) 조화로운 가치이자 접근법이다. 생각하건대 다른 한 편이 없으면 하나를 얻을 수 없다"

민주주의에서 과학이라는 꽃이 피며, 또한 과학 발전은 민주주의로 연결된다는 이야기입니다. 역사를 보면 독재나 군사정권 치하에서 과학자들이 더 우대를 받고, 과학에 대한 지원도 더 많이 이루어지는 것같이 보입니다. 사실 그렇기도 하고요. 그러나 지원과 우대만으로 과학이 발전하는 것은 아니죠. 민주주의라는 체제에서 자유로운 학문적 분위기가 무르익어야 합니다. 과학만이 아니라 모든 학문이 그렇습니다. 경

●
consonant 자음(반대 vowel). ~와 일치[조화]하는〈with, to〉. 협화음의(반대 dissonant).

제도 마찬가지입니다. 기업가에게 지원만 한다고 경제가 발전하는 것은 아닙니다. 다양성을 인정하고 개인의 자유를 보장하는 풍토 속에서 모든 것이 꽃필 수 있습니다.

세계 역사는 별로 중요하게 다루지 않지만 개인의 자유라는 측면에서 큰 한 걸음을 내디딘 사람이 있습니다. 가족계획 클리닉의 선구자 마거릿 생어입니다. 인류사에 비행기, 원자폭탄, 인터넷보다 더 큰 변화를 안겨다 준 대단한 혁신가라고 할 수 있습니다. 생어는 정치적, 종교적 박해 속에서도 생명의 위협을 무릅쓰고 피임약 개발을 성공적으로 이끄는 데 결정적인 역할을 했고 임신의 공포에서 여성을 해방했습니다. 여성해방론자인 그녀는 "어머니가 될 것인가 되지 않을 것인가를 뜻대로 선택할 수 있기 전에는 어떤 여성도 자유롭다고 말할 수 없다"며 이런 이야기를 남겼습니다.

"Woman must have her freedom; the fundamental freedom of choosing whether or not she shall be a mother and how many children she will have. 여성도 자유를 가져야 한다. 어머니가 될 것인가, 되지 않을 것인가, 그리고 몇 명을 가져야 할 것인가를 선택할 수 있는 기본적인 자유를 가질 수 있어야만 한다."

생어는 1960년대 미국이 추진하는 우주탐사 프로젝트인 아폴로 계획에 적극적으로 반대하기도 했습니다. 인류사를 바꿀지도 모를 대단한 프로젝트를 반대한 이유는 아주 간단했습니다. 우주계획에 들어가는 자금의 100분의 1만 투자한다면 임신의 공포로 얼룩진 가난하고 힘없는 여성들에게 자유를 줄 수 있음에도 그렇지 못한 현실에 분노했거든요. 사실 지금도 수백억 달러가 소요되는 우주탐사 계획을 좋지 않은 시각으로 바라보는 사람들은 많습니다. 풍요한 경제 속에서도 아프리카를 비롯한 여러 곳에서 수백만 명이 굶어 죽어 갑니다. 에너지와 식량난으로 지구촌은 더욱 몸살을 앓고 있습니다.

우주탐험은 엄청난 비용이 듭니다. 그래서 우주개발에 들어가는 천문학적 경비를 당장 눈앞에 보이는 문제를 해결하는 데 쓸 수는 없을까 하는 생각이 들기도 합니다. 그래서인지 우주여행을 목표한 우주산업을 지극히 사치스러운 사업이라고 비난하는 사람들도 많습니다. 여러분은 어떻게 생각하나요?

"The choice is with us still, but the civilization now in jeopardy* is all humanity. As the ancient myth makers knew, we are children equally of the earth and the sky. In our tenure of this planet we've accumulated dangerous evolutionary baggage - propensities* for aggression and ritual, submission to leaders, hostility* to outsiders - all

---

●

jeopardy (보통 in jeopardy로) 위험(=risk). be in jeopardy 위태롭(게 되어 있)다. 동사는 jeopardize(위태롭게 하다).

propensity 경향, 성향, 기호, 성벽(inclination) 〈~to, for〉. She has a propensity to exaggerate(for exaggeration) 그녀는 과장해서 말하는 버릇이 있다. He had a propensity for stealing 그는 도벽이 있었다. propensity to consume (경제용어로) 소비 성향.

hostile 적(敵)의, 적군의, 적국의. hostile forces 적군, hostile territory 적지. (사람이) 적의가 있는, 적대하는, 적개심(악의)을 품은(반대 amicable). hostile criticism 적의 있는 비판. (사람, 사물에) 불리한. a hostile environment 해가 되는 환경. 명사는 hostility.

of which puts our survival in some doubt. 우리에게 선택은 여전히 존재한다. 그러나 현재 모든 인간의 문명은 위험에 빠져 있다. 고대 신화 속 사람들이 알다시피 우리는 똑같은 땅과 하늘의 자식들이다. 우리는 이 지구에 사는 동안 아주 위험하고 혁명적인 물건들을 많이 만들었다. 침략적이고 종교적인 성향 때문에, 통치자에게 순순히 굴복하기 위해서, 그리고 타인에 대한 적대감으로 말이다. 그러나 이 모든 것은 우리의 생존을 의심케 하는 요소들이다."

인간이 만든 위험하고 혁명적인 물건들은 어떤 것들이 있을까요? 물론 원자폭탄이겠지요? 그러나 그보다 더 무서운 무기들도 많습니다. 독가스와 같은 화학무기, 또 생물학적 무기도 있습니다. 인간에게 치명적인 해를 주는 세균들을 살포한다고 생각해 보시기 바랍니다. 그런데 왜 이런 무서운 무기들이 계속 개발되는 걸까요? 세이건의 지적처럼 적대적인 감정 때문입니다. 종교적, 정치적 이데올로기들이 작용하는 거죠.

통치자에게 잘 보이기 위해서도 만들어집니다. 사실 가공할 위력의 무기들은 전부 과학자들의 생각에서 나와 과학자들에 의해 만들어집니다. 지금도 상당수의 과학자들이 무기개발에 매달리고 있습니다. 가장 좋은 지원과 대우를 받을 수 있는 분야가 바로 무기개발입니다.

만약 여러분은 공부를 많이 한 후, 세균을 전파할 세균폭탄을 만들도록 주문을 받는다면 어떻게 하시겠어요? 간단한 질문인 것 같지만 과학과 과학자의 윤리에서 이 질문은 아주 중요한 부분입니다. 누군가는 해야 할 일이니까 주문을 받겠습니까? 아니면 조용히 거부하겠습니까?

꼭 원자폭탄이 아니더라도 가공할 위력의 무기개발에 참여한 과학자로서 "나는 과학적 지식만을 제공했을 뿐 만든 것은 행정가들"이라며 책임을 떠넘길 것인가요? 아니면 개발한 무기를 파괴할 건가요? 추후 희생될지도 모를 인명을 생각하면 파괴가 옳을 수도 있습니다. 그러나 문명의 진화를 좇는 학자라면 그동안 공들여 이룩한 연구성과를 아무도 모르게 사장해 버리는 것 또한 쉽지 않은 노릇입니다. 어떻게 처신하는 것이 옳을까요?

"But we've also acquired compassion* for others, love for our children and desire to learn from history and experience, and a great soaring passionate* intelligence - the clear tools for our continued survival and prosperity. Which aspects of our nature will prevail is uncertain, particularly when our visions and prospects* are bound to one small part of the small planet Earth. But up there in the immensity of the Cosmos, an inescapable perspective* awaits us. 그러나 한편 우리는 남을 동정하고 아이들을 아끼는 열정이 있으며 역사와 경험을 통

---

compassion 측은히 여김, (깊은) 동정, 동정심(=pity, sympathy), 연민의 정⟨for, on⟩. take compassion for[on] a person ~을 측은히 여기다. out of compassion 동정심에서. 형용사는 compassionate.
passionate 열정적인, 열렬한, 정열적인, 갈망하는⟨for⟩. a passionate youth 정열적인 젊은이, a passionate speech 열렬한 연설, passionate love 열애. 열중한, 열심인. She is passionate about golf 그녀는 골프에 열중해 있다. 기질이 격렬한, 성마른, 성미 급한.
prospect 전망, 조망(眺望), 경치(=scene), (집의) 방향. a house with a southern prospect 남향집,

해 배우려는 마음을 갖고 있다. 또 아주 원대한 열정적 지능이 있다. 이 것이야말로 우리가 계속해서 생존하고 번영을 보장하는 확실한 도구 다. 그러나 우리의 비전과 사고가 조그마한 행성인 지구에만 묶여만 있 다면 (악과 선 가운데) 우리의 어떤 본성이 지구를 지배할지는 확실하지 않다. 고개를 쳐들고 보면 광활한 우주가 있고, 거기에는 말하기 어려울 정도의 놀라운 생각들이 우리를 기다리고 있다."

왜 우리가 우주로 향해야 하는지를 설명하고 있는 거죠? 꼭 지구가 좁 아서 더 넓은 세상으로 가자는 것은 아닙니다. 우주를 통해 우리의 경계 境界를 넓힌다면, 그리고 그 속에서 놀라운 사고와 생각들을 발견한다면 우리가 사는 지구에 새로운 비전을 제시할 수 있는 길도 열릴 겁니다.

우리는 그동안 지구 안에서 지구를 봤습니다. 태양과 달, 그리고 별 의 움직임을 보았습니다. 만약 달과 화성에서는 어떻게 보일까요? 그리 고 아주 먼 우주에서는요? 그렇게 된다면 지구에 대한 고정관념에서 벗 어나 좀 더 새로운 시각으로 지구를 생각하게 되지 않을까요?

우주를 연구하고 우주를 향하려는 것은 지구와 인간 자체를 위함입 니다. 또한 우리의 조상이 누구인가를 찾아보고 유기체, 무기체 할 것 없이 우리를 지금까지 있게 한 모든 것을 찾기 위해서입니다.

command a fine prospect[view] 전망이 좋다. 가망, 가능성, 예상. a prospect of recovery 회복할 가망. (주 로 복수로) 성공할 가망성, 가망이 있는 사람. a business with good prospects 유망한[성공할 만한] 사업. He has good prospects 그는 상당히 장래가 촉망된다. (광산 등이) 가망이 있다. This mine prospects well[ill] 이 광산은 가망이 있다[없다].
perspective 원근법, 투시도. 원근감, 균형, 시각, 견지. see things in the right perspective 사물을 바르게 보다. 관점. from a historical perspective 역사적인 관점에서, in perspective 전체적 시야로, 긴 안목에서.

"There are not yet any obvious signs of extraterrestrial intelligence and this makes us wonder whether civilizations like ours always rush implacably*, headlong*, toward self destruction. National boundaries are not evident when we view the Earth from space. Fanatical* ethnic* or religious or national chauvinism are a little difficult to maintain when we see our planet as a fragile blue crescent* fading to become an inconspicuous* point of light against the bastion* and citadel* of the stars. 이제껏 외계지능이 있다는 확실한 증거는 하나도 없다. 그러나 이는 우리와 같은 문명세계들이 언제나 자멸自滅을 향해 무모하고 무자비하게 속도를 내 달려갔기 때문이 아닌가 하는 의문을 들게 한다. 우주공간에서 지구를 본다면 나라 간에 국경은 없다. 광신적인 인종, 종교, 그리고 민족주의로는 오래가기 어렵다. 우리 지구가 별들의 요새나 보루에 비교할 때 점점 사라져 눈에 띄지도 않는 하나의 빛의 점과 같이 연약한 초승달과 같다고 본다면 말이다."

인종이니, 종교니, 민족주의니 하면서 싸우지 말고 사랑하고 협력하면서 살자는 교훈입니다. 그렇지 않고서는 지구가 더 이상 지속되지 않을 거라는 거죠. 전쟁 또는 그밖에 우리가 만들어 놓은 문명적 이기利器로 망할 수 있을 테니까요. 그래서 우리가 우주를 향해서 멀리 떨어진 곳에서 우주의 한 점에 지나지 않는 창백한 푸른 점 지구를 바라본다면

implacable (적개심, 증오심 등이) 달래기 어려운, 화해할 수 없는. 준엄한, 무자비한, 앙심 깊은. an implacable enemy 인정사정없는 적. 집요한(=inexorable).
headlong 곤두박질로, 거꾸로. plunge headlong into the water 거꾸로 물에 뛰어들다. 우물쭈물하지 않고, 신속하게. 무모하게, 앞뒤를 가리지 않고, 황급히(=rashly). (형용사로) 몹시 서두르는, 앞뒤를 가리지 않는, 성급한.
fanatical 광신[열광]적인. fanatical patriot 광신적 애국자.
ethnic 인종의, 민족의, 인종(민족)학의(ethnological). 민족 특유의. ethnic music 민족 특유의 음악. 소수민족(인종)의. ethnic Koreans in Los Angeles LA의 한국계 소수 민족.
crescent 초승달, 신월(新月), 초승달 모양. (고대 터키 제국의) 초승달 모양의 기장. the Crescent 회교. 초승달 모양의, (달이) 점점 커지는.

인종, 종교, 민족주의 때문에 왈가왈부하면서 증오와 적개심으로 싸운다는 것이 얼마나 부질없는 일인지를 알 수 있다는 겁니다.

세이건은 외계생명체이론을 처음으로 내세운 학자입니다만 그렇다고 자신을 천재라고 생각한 경우는 없습니다.

"But the fact that some geniuses were laughed at does not imply*
that all who are laughed at are geniuses. They laughed at Columbus,
they laughed at Fulton, and they laughed at the Wright Brothers. But
they also laughed at Bozo the Clown. 그러나 일부 천재들이 비웃음을
샀다고 해서 비웃음을 사는 사람 모두가 천재라는 말은 결코 아니다. 그
들은 콜럼버스와 풀턴을 비웃었고 라이트 형제도 비웃었다. 또한 광대
보조를 보고도 비웃었다."

콜럼버스가 누군지는 아시죠? 아메리카 대륙을 발견한 사람입니다.
풀턴은 증기로 가는 증기선을 발명한 로버트 풀턴을 가리킵니다. 라이
트 형제는 인류 최초의 동력 비행기를 발명한 사람이고요. 보조는 누구
냐고요? 맥도날드 광고에 나오는 광대를 말합니다. 아주 우습게 생겼
죠? 천재나 일반 사람이나 보조를 보면 다 웃듯 자기 잘 낫다고 폼 재지
말고 서로 사랑하면서 살아가는 것이야 말로 지구에 사는 우리 인간들
이 추구해야 할 목표라는 겁니다.

---

conspicuous 특히 눈에 잘 띄는, 잘 보이는, 뚜렷한. a conspicuous star 특히 눈에 띄는 별. 남의 이목을
끄는, 이채를 띤, 저명한(=eminent), 두드러진, 현저한. be conspicuous by its[one' s] absence 그것[그 사람]
이 없음으로써 한층 더 눈에 뜨이다. cut a conspicuous figure 이채를 띠다. make oneself (too)
conspicuous 유별나게 행동하다, 남의 눈에 띄게 멋 부리다.
bastion 요새, 성채, 보루(堡壘).
citadel (시가를 내려다보며 지켜주는) 성(城), 요새. (군함의) 포대, 최후의 거점. a citadel of conservation
보수주의의 거점.
imply (필연적으로) 포함하다, 수반하다, 내포하다, 함축하다. (단어가) ~을 뜻하다, 의미하다(=mean).
Silence often implies consent 침묵은 종종 동의를 의미한다. 암시하다, 넌지시 비치다(=suggest).

우주를 향한
쉼 없는 열정

스티븐 호킹

1942년 1월 8일~

케임브리지 대학의 루카스 수학 석좌 교수로 있는 영국의 이론물리학자이다.

우주론과 양자 중력의 연구에 크게 기여했으며,

자신의 이론 및 일반적인 우주론을 다룬 여러 대중 과학서를 저술했다.

Stephen William Hawking

"재앙에서 벗어나려면 우주로 향하라!"

"Many people have asked me why I am taking this flight. I am doing it for many reasons. First of all, I believe that life on Earth is at an ever increasing risk of being wiped out* by a disaster such as sudden nuclear war, a genetically engineered* virus, or other dangers. I think the human race has no future if it doesn't go into space. I therefore want to encourage public interest in space. 많은 사람이 저를 보고 왜 이런 비행을 하고 있느냐고 묻습니다. 저는 그것을 하는 여러 이유가 있습니다. 우선 저는 갑작스러운 핵전쟁이나 유전자 조작에 의해 생긴 바이러스, 그리고 그와 다른 위험 등의 재앙으로 지구상의 생명체가 완전히 괴멸될 수 있는 위험이 점점 증가하고 있다고 믿습니다. 그리고 저는 만약 우주로 향하지 않는다면 인간 경쟁은 아무런 미래가 없다고 생각합니

wipe out ~의 안을 닦다. wipe out a bottle 병 안을 닦다. (기억에서) 지우다, (부채를) 청산하다, (수치를) 씻다. (사람을) 죽이다, 없애다〈out, off〉. wipe oneself out 자살하다. wipe one's eyes = wipe one's tears away 눈물을 닦다. wipe one's hands of ~에서 손을 떼다. wipe a cloth back and forth over the table 걸레로 테이블을 북북 문지르다.

genetically engineered 유전자 조작의, 유전자변형식품(GMO, genetically modified organism).

다. 그래서 저는 우주에 대한 사람들의 관심을 고취하고 싶습니다."

우주여행 위해 무중력 비행도 직접

지난 2007년 1월 8일 우주의 기원과 블랙홀의 물리학자로 우리에게 잘 알려진 영국의 스티븐 호킹 박사가 2009년도에 있을 우주여행을 하기 위해 사전준비로 무중력 비행zero-gravity flight 실험에 참가하겠다고 공언해 사람들을 깜짝 놀라게 했습니다. 실제로 호킹 박사는 무중력 비행을 10회 정도 직접 해냈습니다. 비용은 다른 사람이 지불했지만 거금 3,750달러를 들여 무중력 비행을 마쳤습니다. 아마도 그는 이러한 비행을 통해 완전한 자유를 만끽했는지도 모릅니다. 왜냐고요? 40년 동안 의지했던 그 지긋지긋한 휠체어에서 해방될 수 있었으니까요.

호킹 박사의 공언 앞에 한 기자가 "왜 이런 무중력 비행을 합니까?"라고 묻자 앞서와 같이 대답한 겁니다. 다시 말해서 '인간의 지나친 욕심과 경쟁으로 지구는 완전히 파괴될지도 모른다. 그래서 우주로 가야 한다. 비록 내 생애에 이루어지지는 못하더라도 후세 사람들에게만큼은 정말 우주를 찾아 나서야 한다는 관심을 불러일으키고 싶다'는 이야기죠.

앞으로 우주여행, 그러니까 순전히 관광목적의 우주여행 시대가 본격적으로 열릴 것 같습니다. 호킹 박사의 우주여행 비용은 약 10만 파운드, 달러로 환산하면 거의 20만 달러로 예상되었습니다. 우리 돈으로 치면 2억 2,000만 원이 조금 넘는 액수이죠. 적은 금액은 아니지만, 그 정도면 일반인들도 민간 업체를 통해 우주여행이 가능하다는 이야기입니다. 많은 사람들이 10년 내로 1,000만 원 정도까지 내려갈 것이라고 전망하고 있습니다.

그러나 여러 가지 이유로 우주여행은 시행되지 못했습니다. 그의 건강에 문제가 있었던 것도 아주 큰 이유였고요. 그럼에도 대단한 일이 아닐 수 없습니다. 손가락과 두 개의 눈동자만을 움직일 수 있을 뿐인 그가 우주를 여행한다니요. 육체적 한계를 넘어선 인간승리라는 말은 아마도 이럴 때 쓰라고 존재하는 말일 겁니다. 그래서 한 이야기일까요? 호킹 박사의 저서 『시간의 역사A Brief History of Time』에 나오는 이야기입니다.

"All of my life, I have been fascinated* by the big question that face us, and have tried to find scientific answers to them. Perhaps that is why I have sold more books on physics than Madonna has on sex. 나는 전 생애 동안 내 앞에 놓여 있는 커다란 문제에 매료돼 왔다. 그리고 그에 대한 과학적인 해답을 발견하기 위해 노력했다. 아마도 그것이 바로 물리학에 대한 나의 책이 섹스를 다룬 마돈나 책보다 더 많이 팔린 이유다."

●
fascinate 매혹하다(=attract), 반하게 하다, 황홀하게 하다(=charm). (뱀이 개구리 등을) 노려보아 꼼짝 못하게 하다. 마법으로 꼼짝 못하게 하다.

스티븐 호킹은 아마도 현재 전 세계에서 가장 유명한 우주 물리학자일 겁니다. 우주의 기원과 블랙홀에 관한 연구는 정평이 나 있죠. 하지만 그가 대중의 눈에 더 뜨이게 된 건 스무 살 무렵부터 앓아 온 병 때문입니다. 사지가 완전히 마비돼 전혀 운동을 할 수 없는 근위축성측색경화증(루게릭병)으로 인해 호킹은 이미 오래전에 곧 죽을 거라는 진단을 받았습니다. 그러나 현재도 그는 고통을 극복하면서 연구에 몰두하고 있습니다. 역경을 딛고 일어선 인간승리의 표상이라고 할 수 있겠지요.

호킹은 과학적 업적이나 성과에만 만족하는 과학자가 아닙니다. 인류의 미래를 진심으로 걱정하고 악의에 찬 인간의 끝없는 정치적 야욕에 대해서는 비판을 서슴지 않는, 이 시대 진정한 지식인의 모델입니다.

인간의 끝없는 야욕에 항의한 이 시대의 지식인

호킹은 끊임없이 추진되고 있는 핵무기를 비롯해 대량살상무기massive destruction weapons 개발에 항의하고 있습니다. 또한 생명공학의 이름으로 정당화되고 있는 유전자 조작이 그 언젠가 인류를 죽음으로 내몰 수도 있음을 알리는 데 앞장서고 있는 학자이기도 합니다.

"I don't think the human race will survive the next thousand years, unless we spread* into space. There are too many accidents that can befall* on a single planet. But I'm an optimist. We will reach out to the stars. 만약 우리가 우주로 뻗어 나가지 못한다면 1,000년 후 인류는 살아남지 못할 것이라고 생각한다. 유일한 지구에 너무나 많은 사고들이 생긴다. 그러나 나는 낙천주의자다. 우리는 다른 별들로 갈 수 있을 것이다."

여러분은 어떻게 생각하는지요? 만약 지구와 같은 '살 곳'이 많으면 서로 대립하고 싸우는 경쟁이 없어지겠죠? 그런데 그게 가능할까요? 인간의 과학으로 충분하다고 호킹은 이야기하는 것 같네요. 그는 이런 이야기도 남겼습니다.

"Although September 11 was horrible, it didn't threaten the survival of the human race, like nuclear weapons do. 9·11(테러)은 너무나 끔찍했다. 그러나 핵무기가 그랬던 것처럼 인류의 생존을 위협하지는 못했다."

만약 핵전쟁이 국지적으로 일어나 그 참상이 얼마나 참혹한지를 알게 되면 사람들은 핵무기를 포기할까요? 그리고 군비 경쟁을 멈출까요?

●
spread 펴다, 펼치다, 뻗다, 벌리다〈out, into〉. The eagle spread its wings 독수리가 날개를 폈다. The tree spread its branches abroad 나무는 가지를 넓게 뻗고 있었다. Spread out the map 지도를 펴시오. (연구, 일, 지불 등의) 시간을 연장하다, 끌다〈over〉. He spread his payment over[for] six months 그는 6개월에 걸쳐서 지불했다.
befall (보통 좋지 않은 일이) ~에게 일어나다, 생기다(=happen to), 들이닥치다. A misfortune befell him 불행이 그에게 들이닥쳤다.

그렇지 않을 수도 있습니다. '너 죽고 나 죽자' 하는 분노로 인해 서로가 멸망할 때까지 싸우게 될지도 모르니까요. 실제로 2차 대전 당시 일본 히로시마에 투하된 원자폭탄의 위력은 엄청났지만 그럼에도 세계는 아직 핵을 포기하지 않았습니다. 인간은 끔찍한 역사의 경험에도 불구하고 여전히 아무것도 배우지 못한 것인지도 모릅니다. 호킹은 그런점을 지적하고 있는 것입니다.

흔히 우리는 문명이 발전하고, 그리고 대화의 문이 열리면 열릴수록 화해와 공존을 추구하게 되고 지구촌에 좀 더 평화가 찾아올 것으로 기대합니다. 역사적으로도 그래 왔지요. 긴 역사 속에서 종교와 이념 때문에 수많은 죽음과 학살, 전쟁을 경험한 이후 인간은 더 이상의 희생자가 없을 것이라 기대했습니다. 그런데 과연 그런가요?

이라크전쟁에서, 그리고 이스라엘의 팔레스타인 폭격에서 볼 수 있듯이 인간의 잔인성은 좀처럼 사라지지 않은 채 계속되고 있습니다. 원한이 계속되고 복수가 복수를 불러오는 일이 거듭된다면 결국 지구는 끝장나는 것 아니겠어요?

호킹 박사는 바로 그 점을 염려하기 때문에 우리가, 그리고 후손들이 누군가를 일방적으로 절멸시키지 않고 안전하게 살길을 모색해야 한다고 충고하는 겁니다. 엄청나게 위험한 사고들이 일어날 가능성이 너무 많은 지금입니다.

"이론물리학의 끝이 보인다"

"What I have done is to show that it is possible for the way the universe began to be determined by the laws of science. In that case, it would not be necessary to appeal* to God to decide how the universe began. This doesn't prove that there is no God, only that God is not necessary. 내가 연구해 온 일은 과학의 법칙에 의해 어떻게 (처음부터) 우주가 만들어졌는지를 예측하는 일이 가능하다는 것을 보여 주는 일이었다. 그런 차원에서 신에게 우주가 어떻게 시작됐는지 알려 달라고 애걸할 필요가 없다. 그렇다고 이것이 신이 존재하지 않는다는 사실을 입증하는 것은 아니다. 다만 신이 필요하지 않다는 것이다."

– 「슈피겔(Der Spiegel)」, 1988년

●
appeal 애원하다, 간청하다, 빌다〈to, for〉. They appealed to him in vain for help[to help them] 그들은 그에게 도와달라고 간청했지만 소용이 없었다. (법, 여론, 무력 등에) 호소하다〈to〉. appeal to arms[force, the public, reason] 무력[폭력], 여론, 이성에 호소하다. 항소하다, 상고[상소]하다〈to, against〉, (심판에게) 항의하다. appeal to the Supreme Court 대법원에 상고하다. a court of appeal 항소 법원, 상고 법원 (appellate court). (사람의) 마음에 호소하다, 마음에 들다, 흥미를 끌다. It appeals to me 그것은 내 마음에 든다. sex appeal 성적 매력.

"신에게 애걸할 필요 없다"

우주의 비밀이 하나둘 벗겨지고 있습니다. 수학을 기반으로 한 물리학의 발전 덕분이죠. 천체물리학과 우주론이 발전하고 우주탐사가 가능해지면서 우주가 신의 영역이 아니라 인간의 영역으로 탈바꿈하고 있는 겁니다.

물론 직접 탐사할 수 없는 영역이 대부분이지만 그러나 과학은 미지의 영역을 개척할 정도로 발전하고 있습니다. 갈릴레오, 뉴턴, 아인슈타인의 계보를 잇는 이 시대 최고의 물리학자 스티븐 호킹 박사도 우주의 비밀을 캐는 데 중요한 역할을 한 학자죠.

호킹 박사는 우주를 향해 나아가는 인간이야말로 대단한 존재라고 주장하며 긍지를 갖자고 합니다. 신에게 모든 것을 의지하고 호소했던 과거에서 벗어나 이제는 우리가 신만이 갖고 있던 영역을 점차 알기 시작했기 때문입니다.

신이라는 절대자가 감추고 있던 비밀스러운 영역은 이제 지구에서 최고의 지성으로 진화한 우리 인간이 당당히 도전할 수 있는 영역으로 변화하고 있다는 주장입니다. 그래서 인간은 전 우주적으로 볼 때도 그야말로 최고라고 생각하는 것이지요.

"We are just an advanced breed* of monkeys on a minor planet of

---

●
breed (동물이 새끼를) 낳다, (새가 알을) 까다, 부화하다. 사육하다, 번식시키다, 교배시키다. He breeds cattle for the market 그는 시장에 내다 팔 소를 사육한다. breed a person a doctor ~을 의사가 되도록 키우다. His father bred him to the law[for the church] 그의 아버지는 그를 법률가[목사가 되도록 키웠다. (불화 등을) 일으키다, 야기시키다(=cause), 조성하다. Dirt breeds disease 불결은 병을 일으킨다. breed like rabbits 아이를 많이 낳다. 씨를 받다. breed from a mare of good stock 혈통이 좋은 암말에게서 새끼를 받다. (동식물의) 품종, 종속, 종류, 타입, 계통(=lineage). a new breed of cattle 소의 신품종, a different breed of man 별난 종류[타입]의 사람.

스티븐 호킹

a very average star. But we can understand the Universe. That makes us something very special. 우리 인간은 아주 평범한 별이면서 작은 행성인 지구에 사는 원숭이 가운데 가장 뛰어난 종種일 뿐이다. 그러나 우리는 우주를 이해할 수 있다. 그것이 인간을 특별하게 만들고 있다"

- 「슈피겔」, 1989년

잘 아시다시피 호킹의 경력과 업적은 대단합니다. 그런데 항상 따라다니는 이력 가운데 '루카스 수학교수'라는 이력을 종종 접하게 됩니다. 보통은 '수학'이라는 단어를 생략하고 루카시아 석좌교수Lucasian Professor of Mathematics라고 부르죠. 이공계 전공 연구원이나 교수들은 많이 알지만 다소 생소한 이름입니다.

이 직책은 1663년 영국의 명문 케임브리지 대학에서 만든 것으로 수학에 중요한 업적을 남기거나 공헌한 교수에게 주는 일종의 명예직으로 볼 수 있습니다. 보통 종신직으로 돼 있는데 수학과 물리학 등 기초과학 연구자에게는 대단히 영광스러운 자리로 존경의 대상이 되죠.

이 자리는 당시 하원 의원이었던 헨리 루카스의 건의로 만들게 되었는데, 기초과학 분야에서 영국 최고 과학자에게 주어집니다. 고전물리학의 창시자라고 할 수 있는 뉴턴이 2대 교수였으며, 호킹 박사는 17대 교수로 1980년도부터 그 직책을 이어받았습니다. 그러나 그는 2009년 그 직책에서 사임하겠다는 의사를 표명했습니다.

호킹 박사는 루카시아 석좌교수로 선정되는 자리에서 "이제 이론물리학이 끝이 보인다"라는 말을 했습니다. 앞서 이야기했듯이 이제 신의 전유물이나 다름없던 우주의 기원과 생성과정을 둘러싼 비밀이 과학적인 방법에 의해 점차 풀리기 시작했다고 확신한 것이죠.

그런데 왜 여기에서 이론물리학theoretical physics이라는 단어를 쓴 걸까요? 물론 그의 전공이 이론물리학입니다. 이론물리학이란 말 그대로 이론적 연구를 주로 하는 물리학 분야로 실험물리학experimental physics과 대비되는 말입니다.

다시 말해서 이론물리학은 종이와 펜, 그리고 컴퓨터를 사용하여 종전에 없었던 법칙 혹은 실험에서 발견한 법칙들을 알아내고 증명하는 학문이라 할 수 있습니다. 반면 실험물리학은 이론물리학에서 증명된 새로운 법칙들을 실험적으로 증명해 내기도 하고 종전에 없던 사실이나 현상을 실험을 통해 탐구해 나가는 것이라고 할 수 있습니다.

사실 20세기 이전에는 이론물리학과 실험물리학의 특별한 구분이 없었지만 과학이 고도로 발달하면서 세분화되고 전문화된 것이죠. 우리가 흔히 이야기하는 시간, 우주, 빅뱅, 블랙홀 등에 대한 연구가 대표적인 이론물리학이라고 생각하면 좋을 듯합니다.

그래서 이론물리학을 가장 순수한 기초과학으로 꼽는데, 우리의 상상력과 호기심 등을 필요로 하죠. 사실 물리학의 출발점이자 기초라고 해도 과언이 아닙니다. 이 분야에서 노벨상이 쏟아지는 것은 그런 배경 탓일 수도 있겠습니다.

참고로 독일어로 거울을 뜻하는 『슈피겔』은 독일의 대표적인 뉴스 잡지로 150만 부를 발행하는 영향력이 대단히 큰 시사주간지입니다. 미국의 『타임』지와 맞먹는다고 해서 '독일의 타임'이라고도 불립니다. 지난 1997년 호킹 박사의 기사와 연설이 여기에 실린 것이죠.

"인간이 이룩한 최대 업적은 대화"

20세기 말에 접어들면서 호킹은 자신과 다른 학자들의 연구를 통해 우주의 비밀이 점차 풀리기 시작했다는 확신을 갖기 시작했으며, 이것이 인간이 이룩한 최대의 성과물이 될 것이라고 믿었습니다.

"For millions of years, mankind lived just like the animals. Then something happened which unleashed● the power of our imagination. We learned to talk and we learned to listen. Speech has allowed the communication of ideas, enabling human beings to work together to build the impossible. Mankind's greatest achievements have come

---

● unleash ~의 가죽끈을 끄르다[풀다], ~의 속박을 풀다, 해방하다, 자유롭게 하다. His comments unleashed a wave of protests 그의 논평은 일대 파문을 일으켰다. unleash one's temper 분노를 일으키다. unleash a dog(=let the dog loose) 개를 놓아주다.

about by talking, and its greatest failures by not talking. It doesn't have
to be like this. Our greatest hopes could become reality in the future.
With the technology at our disposal*, the possibilities are unbounded.
All we need to do is make sure we keep talking. 수백만 년 동안 인류
는 짐승과 마찬가지로 살았다. 그런데 우리의 상상력을 자아내게 하는
어떤 일이 벌어졌다. 우리는 말하는 것을 배우게 되고 듣는 것을 배우게
됐다. 말은 아이디어를 나누는 커뮤니케이션 수단이 돼, 인간은 서로 협
력하여 불가능을 이루어 낼 수 있었다. 인류가 이룩한 가장 위대한 성과
는 대화를 통해 이루어졌고, 최대의 실패는 대화를 하지 않음에서 기인
했다. 이럴 필요는 전혀 없다. 우리의 가장 큰 바람은 미래에 현실이 될
수 있다. 우리가 현재 갖고 있는 기술을 통해 그 가능성이 열린다. 우리
가 해야 할 일은 계속해서 대화하는 것이다."

그런데 인간이 이룩한 위대한 기술, 우주의 비밀을 풀어 가는 인간의
위대한 능력은 대화와 어떤 상관이 있는 것일까요? 호킹 박사는 갑자기
대화talking를 언급했습니다. 우리가 해야 할 일이 '계속해서 대화' 하는
것이라면, 가장 중요한 것이 대화라는 이야기겠지요?
호킹 박사의 지적처럼 현재 우주를 탐사할 정도의 최첨단 과학과 기
술과 같이 불가능을 가능으로 만든 것은 바로 대화, 커뮤니케이션의 힘

•

disposal (재산, 문제 등의) 처분, 처리, 정리. 양도, 매각. 처분의 자유, 처분권. disposal by sale 매각 처
분. 배치, 배열. 음식물 쓰레기 분쇄기(=disposer). be at[in] one's disposal …의 마음대로 처분할 수 있는,
임의로 쓸 수 있는. put[place, leave] something at a one's disposal …의 임의 처분에 맡기다.

이었습니다. 대화를 통해 지식을 공유함으로써 더 큰 발전을 도모할 수 있는 겁니다. 또 이는 자신의 실수를 인정해 고쳐 나가는 계기가 되기도 합니다. 학문에서도 독불장군은 인정받지 못합니다. 또한 대화는 전쟁을 일으키지 않습니다. 대화가 없을 때 전쟁이 일어나는 거죠. 아무리 긴장상태에 있다고 해도, 오고 가고 대화하다 보면 조금씩은 양보의 지점을 찾고 서로 이해하게 되지 않겠어요?

아집과 위선, 혹은 욕망에 눈이 멀어 대화에 응하지 않게 될 때, 호킹 박사가 지적하는 인류 최대의 실패작이 일어날 수 있습니다. 이제 전쟁은 활과 창의 시대가 아닙니다. 그리고 칼과 총의 시대도 아닙니다. 핵무기, 생화학무기 등이 지닌 가공할 위력은 모든 것을 초토화해 버립니다. 어떤 경우든 무력에 호소하는 것이 결코 올바르지 않은 것처럼 원하는 것을 이루기 위해서 전쟁에 호소한다는 것은 용납할 수 없는 일입니다.

최근 불어닥친 경기불황의 이유에 대해 여러 가지 이야기가 많습니다. 우선 대량생산에 기반해 움직이는 자본주의가 한계에 도달했다는 주장이 있습니다. 소비자는 한정돼 있는데 공급은 과잉이라는 지적입니다. 공급이 넘치면 생산이 멈추고, 공장이 안 돌아가면 실업자가 생기고, 그래서 경기가 침체된다는 이야기죠. 또 세계 경제의 강자인 미국이 이라크, 아프가니스탄과의 전쟁, 그리고 별들의 전쟁과 같은 신무기 개발에 너무나 많은 돈을 소비했다는 지적도 나옵니다. 전쟁이 인간의 최대 실패작이라는 호킹의 지적을 상기할 필요가 있습니다.

"다르게 생각하고 새롭게 접근하라"

우주 시대가 열리고 우주에 대한 비밀이 하나둘씩 벗겨지는 것은 과학 기술 덕분입니다. 그러나 자연의 신비를 푸는 물리학에 도전하려면 기존의 사고와 지식만으로는 불가능합니다. 아인슈타인이 늘 강조한 말이 있습니다. "Imagination is more important than knowledge. 상상력이 지식보다 더 중요하다"라는 말입니다. 상상력이 없으면 창의적인 아이디어가 나올 수가 없죠. 상상력은 새로운 것의 원천입니다. 호킹도 같은 의견입니다.

"I don't believe that the ultimate* theory will come by steady work along existing lines. We need something new. It could come in the next 20 years, but we might never find it. 나는 (자연현상을 한 이론으로 모두 설명할 수 있는) 궁극적인 이론은 기존의 지식에 바탕을 둔 연구 속에서는 나오지는 않을 것이라고 믿는다. 우리에게는 새로운 것이 필요하다. 그 해답은 20년 내에 올 수도 있지만 전혀 발견하지 못한 채 지나쳐 버릴지도 모른다."

●
ultimate 최후의, 최종의, 궁극의(=last, final). the ultimate end of life 인생의 궁극적 목적. 최대의, 결정적인, 제1차적인. ultimate goals in life 인생의 일차적 목표. 근본적인, 근원적인. ultimate principles 근본 원리.

호킹 박사가 이야기하는 궁극적인 이론이란 자연현상을 이루는 힘 forces을 하나로 통합하여 설명할 수 있는 통일장이론unified theory of field을 의 미합니다. 현재 알려진 힘의 종류는 4가지로 중력, 전기력, 자기력, 약력 이 있습니다. 과학자들은 하나의 이론을 통해 입자들 사이에 작용하는 힘의 형태와 상호관계를 하나의 통일된 개념으로 기술하기 위해 노력 해 왔습니다. 좁은 의미로는 중력과 전자기력을 결합시키기 위한 1920~1930년대의 노력을 지칭하며, 1970년대 중반의 게이지이론에 의 해 다시 관심을 끌게 되었죠. 요즘 등장한 끈이론string theory, 초끈이론super string theory 등도 그렇다고 생각하면 될 것 같습니다.

최대 업적은,
아직도 내가 살아 있다는 것

"It is a waste of time to be angry about my disability. One has to get on with life and I haven' t done badly. People won' t have time for you if you are always angry or complaining. 내가 불구라는 것에 화를 내는 것은 시간 낭비입니다. 사람은 (싫든 좋든) 삶을 살아가야 합니다. 그리고 나는 별로 못한 게 없습니다. 만약 당신이 언제나 화를 내고 불만을 토로한다면 다른 사람들은 당신을 위해 시간을 내주지 않을 겁니다."

- 「가디언」, 2005년

뭉클한 이야기죠? 위대한 철학자를 만나고 있는 듯한 기분입니다. 호킹이 이제까지 버티게 해 준 철학이자, 오늘날 우리처럼 조그마한 일에도 금세 비뚤어져 화를 내고 또 뭔가 안 되기만 한다며 자신을 원망하는 이들에게 주는 회초리같이 매서운 질책이기도 합니다.

그가 이룩한 모든 업적보다 더 위대한 업적이야말로 굳건한 의지로 이제까지 삶을 영위하고 있다는 이야기입니다. 아인슈타인에 이어 금세기 우주물리학에 큰 영향을 끼쳤지만, 그래도 그의 업적은 여전히 살아 있다는 겁니다. 사형선고나 다름없는 루게릭병을 극복하고서 말입니다.

전혀 움직일 수도 없는 데다 말도 못하면서, 오직 휠체어에 의지하여 살아가고 있는 스티븐 호킹만큼 외국 여러 나라를 여행한 사람도 드물 겁니다. 10년 전 우리나라에 왔을 때 사람들은 그의 열정에 놀랐습니다. 일본과 중국을 방문했으며 이스라엘을 방문해 과학은 물론 평화를 위한 전도사 역할을 했습니다. 전 세계를 방문해 인간승리를 손수 보여 주었고 미래의 비전을 제시했습니다. 앞서 이야기했듯이 그는 이미 무중력 시험을 무리 없이 성공적으로 수행할 정도로 의욕적인 모습을 보였습니다.

희망은 언제나 있다

일반 사람들도 그렇고, 언론과 인터뷰할 때마다 그들은 호킹에게 병 때문에 불편하지 않느냐는 질문을 던집니다. 그때마다 그는 이런 대답을 해 왔습니다.

"처음 병에 걸렸다는 사실을 알았을 때 절망했습니다. 유언장을 쓰는 꿈을 꾸기도 했어요. 주위의 많은 사람이 제가 곧 죽을 거라고 했기 때문이죠. 그때 저는 다시 살아날 수 있다면 정말 이웃과 인류를 위해 값지게 살아야겠다는 결심을 했습니다. 이후부터 화를 내지도 않았고 절대 절망하지도 않았습니다. 무엇보다 중요한 것은 저 스스로 병을 이겨 내려는 노력이었습니다. 지금 저는 아주 행복합니다. 게다가 우주를 연구하는 데는 육체적으로 활동적인 몸이 필요하지 않거든요. 건강한 사람이라 하더라도 우주 끝까지 가 볼 수는 없지 않겠어요? 타임머신을 타고 우주가 생겨나던 때로 돌아갈 수는 없잖아요?"

2006년 홍콩과학기술대학Hong Kong University of Science and Technology을 방문했을 때 역시 같은 질문을 받았습니다. 또한 똑같이 대답합니다. 현재 이렇게 살아 있어서 홍콩을 방문해 사람들의 대접을 잘 받고 있는데 불편할 게 뭐 있느냐고 말입니다.

"The victim* should have the right to end his life, if he wants. But I think it would be a great mistake. However bad life may seem, there is always something you can do, and succeed at. While there's life, there is hope. 원한다면 낙오자는 생을 끊을 권리가 있어야 한다. 그러나 그것은 대단한 실수라고 생각한다. 삶이 아무리 나쁘게 보일지라도 언제

---

victim (박해, 불행, 사고 등의) 희생자, 피해자, 조난자, 이재민, (사기꾼 등의) 봉. a victim of disease 병든 사람. a victim of circumstances 환경의 희생자. (종교적 의식에서) 희생, 산 제물. become[be made] a[the] victim of = fall a[the] victim to ~의 희생[포로]이 되다.

나 무언가 당신이 할 일이 있고, 성공할 수 있는 일이 있다. 인생이 있는 한(살아 있는 한) 희망은 있다."

- 「인민일보」, 2006년

훌륭한 명언이죠? 일부분을 발췌해서 크게 쓴 다음 책상 앞이나 방 어디엔가 잘 보이는 곳에 걸어 놓으면 어떨까요? 또 많은 사람이 볼 수 있도록 엘리베이터에 붙여 놓으면 좋지 않을까요? 화장실 세면대 앞도 좋을 것 같네요. 짤막한 한마디 속에 전달하고자 하는 내용 그 이상이 녹아 있는 명언은 대단한 위력을 발휘합니다. 주옥같은 한마디가 인생을 변화시키기도 합니다. 여러분은 어떤 명언을 품고 있나요? 좋은 말들은 꼭 기억하고 암기해서 곤경에 처했을 때 어려움을 극복할 수 있는 기회로 삼길 바랍니다.

당시 학생들로부터 "언제쯤 사람들이 다른 행성에 살 수 있을 것 같은가요?" 하는 질문에 호킹 박사는 20년이면 사람들이 달에서 영구히 permanent 머무를 수 있는 시설이 다 갖춰질 것이라고 대답했습니다. 화성에는 40년 정도가 걸릴 것이라고 말했고요.

물론 이렇게 부연하는 것도 잊지 않았습니다.

"But both of them are small and either have no or not enough atmosphere. We'll not find anywhere as nice as Earth. 그러나 두 곳 다 작고 대기가 전혀 없거나 충분하지 않다. 지구만큼 좋은 곳은 발견하지 못할 것이다."

호킹 박사는 자신처럼 우주론을 공부하는 학생들에게 "Where did we come from? 우리는 어디에서 왔는가?"와 같은 커다란 질문을 갖고 생각하고 매달리는 학자가 되라며 "There's nothing like the thrill of discovery, when you find something that no one knew before. 당신이 전에 누구도 몰랐던 것을 찾아냈을 때 그러한 발견의 스릴보다 더 한 것은 없다"라고 조언해 많은 갈채를 받았습니다.

『인민일보』가 어떤 신문이냐고요? 중국 내 최고 부수를 자랑하는 가장 권위 있는 신문입니다. 위의 내용은 『인민일보』 홍콩 특파원이 스티븐 호킹의 강의를 취재해서 쓴 것입니다.

어쨌든 호킹은 그의 업적보다도 장애를 딛고 일어선 학자로 더 인기가 있는 것 같습니다. 또 우리에게 준 지식과 교훈 모두 중요하지만 과학을 떠나 인간 호킹을 생각한다면 빅뱅과 블랙홀보다 그 자신이 주는 교훈이 더 중요하다고 볼 수 있습니다. 이스라엘을 방문했을 때도 비슷한 질문을 받았죠. 그때는 이렇게 대답했습니다.

"The downside* of my celebrity* is that I cannot go anywhere in the world without being recognized. It is not enough for me to wear dark sunglasses and a wig*. The wheelchair gives me away. 명성에 따르는 안 좋은 점은 세계 어디를 가든 대부분 알아본다는 겁니다. 짙은 (색깔의) 선글라스나 가발도 충분하지 않습니다. 휠체어가 곧 저니까요."

– 이스라엘 TV 인터뷰, 2007년

호킹의 역경은 비단 몸이 불구라는 것에만 있지 않았습니다. 그는 순탄치 않은 결혼생활 속에서도 굳건히 견디면서 학문을 위한 열정을 계속 불태웠습니다.

2006년 영국 언론들은 호킹 박사가 이혼 직전에 있다고 보도했습니다. 그의 두 번째 부인인 일레인 메이슨이 케임브리지 주 법원에 이혼서류를 제출했다는 겁니다. 법원 측은 가족의 프라이버시라는 이유로 언급을 자제했지만 원만한 관계가 아니라는 이야기가 병원 측으로부터 흘러나왔습니다. 호킹은 결국 그해 일레인과 이혼했습니다. 호킹의 첫 번째 부인인 제인 와일드와는 1965년 결혼했다가 1991년에 이혼했으며 사이에 3명의 자녀를 뒀습니다. 그후 일레인과 1995년 재혼한 지 10여 년만에 다시 이혼을 하게 된 것이지요. 2004년 호킹이 일레인으로부터 상습적인 폭행에 시달리면서 우울증에 걸려 알코올 중독에 빠졌다는

●
downside 아래쪽(반대 upside), 하강, 악화. on the downside 아래쪽에, 하향세에. 불리한[부정적인] 면. downside up 거꾸로 되어, 뒤집혀. (형용사) 아래쪽의, 하강의, (경제가) 하향의, 전망이 나쁜.
celebrity 명사, 유명인사.
wig 가발, 머리 장식. 판사, 재판관, (가발을 쓸 수 있는) 상급 변호사, 높은 양반. 가발을 씌우다, 몹시 꾸짖다. 성가시게[귀찮게, 화나게, 당황하게, 흥분하게] 하다. keep one's wig on 침착하게 있다, 성내지 않다, 흥분하지 않다. lose one's wig 분통을 터뜨리다.

언론보도가 나와 순탄치 않았던 두 사람의 부부생활이 드러나기도 했습니다.

갈릴레오 사망 300주년 되는 날 태어나

갈릴레오, 뉴턴, 아인슈타인의 계보를 잇는 세계 최고의 우주 물리학자 스티븐 호킹은 갈릴레오의 사망 300주년이 되는 1942년 1월 8일에 영국 옥스퍼드에서 태어났습니다. 1등은 아니었지만 반 아이들 사이에서 아인슈타인이라 불릴 만큼 어릴 때부터 수학과 물리학에서 남다른 실력을 보였던 그는 우주론에 관심을 갖고 옥스퍼드 대학에 진학합니다.

그 무렵부터 퇴행성 운동신경질환 증상이 나타나 스물한 살 어린 나이에 루게릭병으로 시한부 2년을 선고받지만, 그는 좌절 대신 희망을 택합니다. 자신의 의지대로 움직일 수 있는 건 손가락 두 개뿐이었음에도 머릿속으로 수식을 계산하며 "블랙홀이 사라진다"는 놀라운 연구결과를 발표하지요. 일명 '호킹 복사Hawking radiation' 라 불리는 이 이론은 물리학계에 커다란 반향을 불러왔고 현대 물리학의 새로운 지평을 열었다는 평가를 받고 있습니다.

40년 넘게 루게릭병을 안고 살면서도 전 세계를 여행하며 강의를 하는 그는 지금도 케임브리지에서 연구에 몰두하고 있습니다. 1974년 최연소 왕립학회 회원이라는 영광도 얻었죠. 모두 병마와 싸우면서 일군 업적이라는 사실을 상기할 필요가 있습니다.

그는 과학에서 창의력의 중요성을 강조합니다.

"You have to be creative to do science. Otherwise you're just repeating tired formulas. 과학을 하려면 창의적이어야 한다. 그렇지 않다면 진부한 공식을 되풀이하는 일밖에 안 된다."

어려운 역경 속에서도 그가 금세기 이론물리학의 최고봉으로 평가받는 것은 좌절을 딛고 일어선 의지, 그리고 창의적인 열정의 결과라고 할 수 있습니다.

과학은
자연질서 탐구의 역사

"My goal is simple. It is a complete understanding of the universe, why it is as it is and why it exists at all. 내 목표는 간단하다. 우주가 무엇인지를 완전히 이해하는 것이다. 왜 있는 그대로인지, 그리고 왜 존재하는지를 말이다."

호킹 박사는 주로 이론우주론과 양자중력을 연구하면서 시공간space-time과 빅뱅, 블랙홀 등의 본질을 밝혀내는 데 주력하고 있습니다. 그가 우주의 역사를 쉽게 풀어쓴 베스트셀러 『시간의 역사』의 저자라는 사실은 모두들 잘 아실 겁니다.

스티븐 호킹

우주론 대중화에 앞장선 『시간의 역사』

그가 쓴 최초의 대중 과학도서라고 할 수 있는 『시간의 역사』는 우주와 물질, 시간과 공간의 역사에 대한 방대한 이야기를 담은 책으로 『선데이 타임스Sunday Times』가 선정한 베스트셀러 목록에 237주 동안 올랐고 전 세계에 수백만 부 이상 판매되며 출판계에 일대 센세이션을 일으켰습니다.

말이 237주지 환산하면 무려 4년 반에 이르는 기간입니다. 그 긴 기간 동안 계속 베스트셀러 자리에 있었다고 생각하면 내용이 담고 있는 성취를 따지기 이전에 겉보기만으로도 대단한 책이라고 할 수 있는 거죠. 『선데이 타임스』는 영국에서 가장 권위 있는 주간지인 『더 타임스 The Times』의 자매지로 이해하면 좋을 것 같습니다. 종종 영국 왕실의 부조리를 끄집어내 까발리는 이야기를 써서 왕실로부터 가장 미움을 받는 잡지이기도 합니다. 그만큼 대중적인 잡지라는 이야기입니다.

"The whole history of science has been the gradual realization that events do not happen in an arbitrary* manner, but that they reflect a certain underlying* order, which may or may not be divinely* inspired. 과학의 전반적인 역사란 (밖으로 드러나는) 현상들이 제멋대로 일어나는 것이 아니라 어떤 기본적인 질서를 반영한다는 사실을 점차

●
arbitrary 자의적인, 제멋대로의. an arbitrary decision 임의의 결정. 전제적인, 독단적인. arbitrary rule[monarchy] 독재정치[왕국]. 변덕스러운, 방자한, 마음대로 정한. arbitrate 중재하다, 조정하다.
underlying 밑에 있는, 기초를 이루는, 근원적인(=fundamental). the underlying strata 그 밑에 있는 지층, an underlying principle 기본적 원칙. 뒤에 숨은, 잠재적인(=implicit). an underlying motive 잠재적인 동기. (상업용어로) 담보, 권리 등이 제1의, 우선적인(=prior). the underlying mortgage 제1담보.
divine 신성한, 거룩한(=holy). divine beauty[purity] 성스러운 아름다움[순결]. 신이 준, 하늘이 내린. the divine Being[Father] 신(神), 하느님. divine grace 신의 은총. divine nature 신성(神性).

깨닫는 과정이라고 할 수 있다. 그것이 신의 영감에 의한 것이냐, 아니냐 하는 문제를 떠나서 말이다."

- 『시간의 역사』

적어도 자연현상에는 기적이 있을 수 없습니다. 오묘하고도 정연한 질서 속에서 나타납니다. 그러한 원칙을 점차 알게 된 것이 곧 과학의 역사라는 주장입니다.

우리가 기적이라 부르는 일조차도, 다만 기적이라고 생각하는 것일 뿐 거기에는 질서 정연한 규칙이 당연히 존재한다는 겁니다. 그러므로 우리가 접하는 현상세계란 제멋대로 만들어지거나 구성된 것이 아닙니다. 당연하고도 절대적인 인과因果의 법칙 속에서 나타나는 결과물입니다. 신이나 절대자의 임의대로 나타나는 것은 아니죠.

그런데 호킹 박사는 마지막 부분에서 재미있는 지적을 하고 있군요. 자연현상은 질서 정연하게 이루어지는데, 그것이 절대자의 영감이나 신성神性에 의한 것인지, 아닌지는 알 길이 없다. 다만 그 법칙에 의해 움직이고 변화하는 것만은 사실이라는 이야기를 하고 있습니다. 그래서 이렇게 또 짧은 명언을 남긴 게 아닐까 하는 생각이 드는군요.

"We would call order by the name of God, but it would be an

impersonal● God. There' s not much personal about the laws of physics.
우리는 신의 이름으로 (자연의) 질서를 이야기한다. 그러나 그것(질서)은
비인격적 신이다. 물리학의 법칙에서 인격적인 것은 별로 없다."

앞서 우리가 이야기했듯이 결국 과학이란, 또 과학의 발전이란 자연
현상, 삼라만상森羅萬象 또는 우주가 어떤 일정한 법칙에 의해서 움직이
고 있다는 사실을 하나둘씩 깨닫는 일입니다. 그 법칙을 발견하는 사람
들이 과학자들이죠.

그러나 그러한 자연의 오묘한 질서를 종교 안으로 끌어들여 "그 질
서가 바로 신이다"라고 주장하는 사람들이 많습니다. 비단 교회의 성직
자뿐만 아니라 일반 과학자들까지도 말입니다. 이러한 생각에 호킹 박
사가 일침을 가하고 있는 거죠.

기독교의 신은 인격신입니다. 그래서 자연의 질서나 법칙을 신의 일
운운하는 것은 맞지 않는 것입니다. 질서나 법칙은 비인격적이기 때문
입니다. 인격신인 절대자가 때로는 비인격으로 탈바꿈한다는 것은 말
이 안 되는 소리라는 겁니다.

옛날에는 잠잠했다가 우주공간을 비롯해 사물이 어떻게 구성돼 있
는지가 속속 밝혀지고 있기 때문에 그러한 법칙을 신의 이름으로 종교
로 끌어들이는 일이야말로 경계해야 할 일이라는 거죠. 주위에서 흔히

●
impersonal 인격을 가지지 않는, 비인간적인, 비인격적인. an impersonal deity 비인격신(非人格의 神).
일반적인, 개인의 감정을 섞지 않는, 객관적인.

보고 듣는 광경입니다. 과학을 종교의 일부로 귀속시키려는 시도는 과학이 앞장서서 막아야 할 과제이기도 합니다.

그러면 호킹 박사는 무신론자냐고요? 그건 저도 잘 모릅니다. 과학을 종교로 끌어들이지 말라고 해서 무신론이고, 또 끌어들이면 유신론이라는 이분법은 정말 위험한 발상입니다. 아마 그래서 이런 말도 남긴 것 같습니다.

"The greatest enemy of knowledge is not ignorance, it is the illusion* of the knowledge. 지식의 최대의 적은 무지가 아니다. 지식에 대한 환상이다."

자, 지식을 둘러싸고 가장 위험한 것은, 차라리 모르면 낫겠지만 지식에 대해 착각해서 잘못 아는 것이니 그것을 경계하라는 거죠. 이런 경우를 생각할 수 있습니다. 블랙홀에 대해서 전혀 모르는 사람이 있는가 하면 어느 정도 알고 있는 사람도 있죠. 그러나 어느 정도 안다는 이유로 그에 대해 잘못된 판단이나 결론을 내린다면 더 위험한 노릇이고 심각한 일이겠죠? 섣부른 결론을 내리려는 과학자들에게 자숙하라는 일종의 충고이자 경고인 것 같기도 하네요. 또 과학을 종교의 범주 안으로 끌어들이는 지식인들에 대해서도 말입니다.

●
illusion 환각, 착각, 잘못 생각함, 오해, 환상, 미망(迷妄). an optical illusion 착시(錯視), a sweet illusion 달콤한 환상. produce illusions in a person's mind ~의 마음속에 환상을 일으키다.
prescribe 규정하다, 정하다. 명령하다, 지령[지시]하다(=order). Do what the law prescribes 법이 정하는 대로 하라. Convention prescribes that we (should) wear black at a funeral 관례로 장례식에서는 검은 옷[상복]을 입게 되어 있다. The attending physician prescribes the medicines for his patient 주치의는 환자에

"There is no prescribed* route to follow to arrive at a new idea. You have to make the intuitive* leap. But the difference is that once you have made the intuitive leap you have to justify it by filling in the intermediate steps. In my case, it often happens that I have an idea, but then I try to fill in the intermediate* steps and find that they don't work, so I have to give it up. 새로운 사고에 도달하기 위해 따라야 할 미리 정해진 길은 없다. 직관에 의한 도약을 해야만 한다. 그러나 중요한 것은 일단 직관력에 의해 도약했다면 그 사고를 다시 중간적인 단계로 끌어내려 그것을 정당화(설명)시킬 수 있어야 한다. 나도 새로운 아이디어가 떠오르는 경우가 종종 있지만 바로 그때는 중간과정을 채워 넣으려고 노력한다. 그러면 소용없는 것임을 알게 된다. 그러면 포기해야 한다."

창의적이고 새로운 아이디어를 개발하는 데에 특별한 방법이 있는 것은 아닙니다. 사실 과학자들, 특히 기초과학자들은 주로 직관적인 아이디어에 의해 번뜩이는 무언가를 고안해 낼 수 있을 겁니다.

그러나 직관적인 도약에서 나온 그 아이디어가 정말로 이치에 맞는 사고인지를 판단하기 위해서는 다시 평범한 단계로 내려와 냉정하게 사리에 맞는지를 판단하는 일이 중요하다는 이야기입니다. 만약 그렇

게 약을 처방해 준다.
intuitive 직관(지각)에 의한, 직관력 있는. intuition 직관력. 직관적으로 이해 가능한.
intermediate 중간의, 개재하는, 중간에 일어나는. intermediate school 중등학교의, intermediate exam 중간시험. (동사) 사이에 들어가다(=intervene), 중재하다, 중개하다(between).

지 못하다면 상당한 과학적 오류에 직면하게 될지도 모르니까요.

특히 우주론이나 천체물리학 같은 경우는 더욱 그럴 겁니다. 증명해 낼 수 있는 객관적인 방법이 별로 없기 때문입니다. 그래서 자신이 비록 직관력에 의해 새로운 아이디어를 얻었다고 해도 어떻게 설명하고 이해시킬 수 있는 생각인지를 곰곰이 따져볼 필요가 있다는 이야기인 것이죠.

"영혼의 장애가 없다면 아무런 문제가 없다"

"People need not be limited physical handicaps as long as they are not disabled in spirit. 영혼의 장애가 아니라면 사람들은 육체적 장애에 제한을 받을 필요는 없다."

정말 대단한 과학자죠? 읽으면 읽을수록 고개가 저절로 숙여지는 과학자입니다. 아니 과학자에 앞서 우리에게 희망과 꿈, 아름다운 사고를 선사하는 위대한 철학자라는 생각이 드는군요.

우주의 비밀은
블랙홀 속에

호킹 박사를 이야기하면서 블랙홀을 빠트리고 지나갈 수는 없죠. 비록 블랙홀을 처음 발견했거나, 또는 그에 대한 이론을 처음 내세운 것은 아니지만 블랙홀은 호킹 박사의 상징이자 트레이드마크나 다름없습니다. 그의 간판 브랜드라고 해도 과언이 아닙니다.

블랙홀이 대중적인 인기를 끌면서 우리에게 친근하게 다가온 것은 호킹 박사의 업적이라고 할 수 있습니다. 헤비메탈 그룹에서 영화에 이르기까지, 그리고 각종 문학작품과 어린이들을 위한 동화 속 이야기까지 우리가 사는 지구촌 구석구석까지 자리 잡고 있는 '과학'이라고 해도 지나친 표현이 아닐 겁니다.

심지어 커피숍은 물론 레스토랑, 생맥주 가게를 비롯해 서민의 애환을 달래는 대폿집에 이르기까지 구석진 동네 어디에서도 볼 수 있는 이름이 돼 버렸죠. 또 한번 잡히면 영원히 빠져나올 수 없는 무시무시한 교도소를 의미하는 것까지, 블랙홀이 뭔지를 모르면 아마 대화에 낄 수도 없을 겁니다.

"가장 대중화된 과학용어 블랙홀"

과학적 용어가 이렇게 대중화된 것은 아마 아인슈타인의 상대성이론 이후 처음 있는 일일 겁니다. 인용citation 횟수로 본다면 상대성이론을 능가하고도 남을 정도죠. 빅뱅과 함께 말입니다.

블랙홀이 무엇인지에 대해 어렴풋이나마 모르는 사람들은 없을 겁니다. 그러나 우선 이참에 영어공부도 할 겸 블랙홀이 무엇인지, 그리고 과학은 이에 대해 어떠한 정의를 내리고 있는지 위키피디아라는 인터넷 사전을 통해 함께 알아보도록 하죠.

"In general relativity*, a black hole is a region of space in which the gravitational* field is so powerful that nothing, including light, can escape its pull. 일반상대성이론에서 볼 때, 블랙홀이란 중력장의 힘이 너무나 강해서 빛을 포함해서 어떤 것도 (한번 그 속에 들어가면) 잡아당기는 힘에서 벗어나지 못하는 공간의 영역을 말한다."

general relativity 아인슈타인의 일반상대성이론.
gravity 중력, 지구 인력. acceleration of gravity 중력가속도, 중력가속도의 단위(g). 진지함(=seriousness), 엄숙, 침착. gravitational field 중력장.

이해가 되나요? 그동안 수없이 그림으로 보았던 블랙홀 사진을 생각하면 충분히 이해가 갈 겁니다. 공간은 그저 블랙홀을 생각하면 될 거고 중력장은 빙빙 돌면서 회오리를 일으키는 물결 같은 것을 생각하면 쉬울 것 같네요.

우리는 뉴턴의 사과 일화를 통해 질량이 있는 모든 물체 사이에는 서로 끌어당기는 인력이 작용한다는 것을 배웠습니다. 만유인력萬有引力의 법칙이죠. 지구가 다른 물체를 잡아당기는 힘을 중력이라고 하는데 천체들, 그러니까 항성, 행성, 그리고 위성들 간의 잡아당기는 인력 또한 흔히 중력이라고 합니다.

참고로 "중력을 영어로 뭐냐?"고 하면 당장 gravity라고 대답하면서도, 만약 "만유인력을 영어로 뭐라고 하느냐?"라고 물었을 때 만유萬有라는 말 때문에 갑자기 헷갈려 대답을 못한다면 안 되겠지요. 중력이나 만유인력이나 마찬가지 말입니다. "모든 물체 사이에는 끌어당기는 힘이 있다"는 위대한 발견을 단순히 인력이라는 말로 하지 않고 '모든 물체 사이에 작용한다'는 의미를 강조하기 위해 번역과정에서 '만유'라는 말을 넣었다고 생각하면 될 것 같네요. 물론 만유의 개념을 넣어 universal gravitation이라고도 합니다. 그러나 모두 중력의 개념을 담은 말입니다. 그래서 굳이 만유인력의 법칙이라는 말을 쓰기 보다는 보통 뉴턴의 중력의 법칙이라는 말을 더 자주 사용합니다.

'두 물체 사이에 작용하는 인력은 두 물체를 연결하는 직선의 방향으로 그 크기는 두 물체의 질량의 곱에 비례하고 물체 사이 거리의 제곱에 반비례한다'는 법칙으로 1687년 뉴턴이 발견한 것이죠. 질량이 있는 모든 물체는 중력을 갖게 되고, 끌어당기는 힘이 있습니다. 그래서 그 주위에는 자기장이 형성됩니다. 그것이 중력장입니다. 블랙홀의 중력장은 상상을 초월할 정도로 강해서 빛도 그곳에 들어가면 빠져나올 수 없는 겁니다.

그야말로 모든 것을 삼켜 버리고 영원히 내뱉지 않는 '괴물'이 블랙홀입니다. 그래서 "블랙홀에 빠졌다"하면 다시는 헤어나올 수 없는 영원한 나락奈落으로 빠졌다는 의미가 됩니다. 한번 들어가면 도저히 빠져나올 수 없는 공간을 영어에서는 블랙홀이라고 한다면 이에 상응하는 한자나 우리말은 없을까요? 방금 이야기한 나락입니다. 불교용어 중 하나로 수많은 지옥 가운데 하나를 가리키는 말이죠.

산스크리트어 'naraka'의 발음을 그대로 한자로 옮겨 쓴 것으로 본래는 밑이 없는, 바닥이 안 보이는 깊은 구멍을 뜻합니다. 거기에 빠지면 정말 무섭고 힘들겠지요? 빠져나갈 것을 걱정한다면 말입니다. 이것이 오늘날에는 일반용어가 되어 '도저히 벗어날 수 없는 극한 상황'을 의미하는 말이 된 겁니다. 참고로 알아두면 도움이 될까 해서 말씀드리는 겁니다. 그럼 이어지는 이야기를 마저 보기로 하죠.

"The black hole has a one-way surface, called an event horizon*, into which objects can fall, but out of which nothing can come. It is called 'black' because it absorbs* all the light that hits it, reflecting* nothing, just like a perfect blackbody* in thermodynamics*. 블랙홀은 사상事象의 지평선이라고 불리는 한 방향의 지표면(경계)만 있을 뿐이다. 그래서 물체들은 거기로 떨어질 뿐, 나오지는 않는다. '블랙'이라고 불리게 된 것은 (블랙홀이) 부딪치는 모든 빛을 빨아들일 뿐 결코 다시 토해내지 않는, 마치 열역학에서 나오는 완전 흑체黑體와 같기 때문이다."

블랙홀에 물체를 빨아들이는 곳은 있지만 배출하는 구멍은 없다는 이야기죠. 첨가해서 말하자면 여러 가지 색 가운데 빛을 가장 많이 흡수하는 것이 검은색입니다. 검은색이 지닌 이 특성 때문에 겨울에는 검은 옷을 많이 입죠. 열을 더 많이 흡수해서 따뜻해지려고 말입니다. 반대로 여름에는 빛을 반사하는 흰색의 옷을 입죠. 즉 검은색이 가진 흡수의 의미 때문에 블랙홀이란 '모든 것을 빨아들이는 구멍'이라는 의미의 말이 된 겁니다.

블랙홀의 표면은 통칭 사상의 지평선event horizon이라고 불리는데, 외부에서는 물질이나 빛이 자유롭게 안쪽으로 들어갈 수 있지만, 내부에서는 빛조차도 밖으로 나올 수 없기 때문에 이러한 이름을 붙인 겁니다.

●
event horizon 사상(事象)의 지평선, 블랙홀의 바깥 경계.
absorb 흡수하다, 빨아들이다, (작은 나라, 기업 등을) 흡수 병합하다(into, by). (사람·마음을) 열중시키다(=absorbed in). (사상 등을) 흡수 동화하다.
reflect 반사하다, 반향을 일으키다(back, off). (거울 등이 상을) 비치다. (신용·불명예 등을) 초래하다. 반영하다, 나타내다. 반성하다, 곰곰이 생각하다.
blackbody 빛을 완전히 빨아들이는 흑체(黑體), 완전 흑체.
thermodynamics 열역학.

중력이 너무 강해 빛조차도 빠져나오지 못하는 물체에 대한 생각은 원래 18세기에 제안되었고, 아인슈타인이 1916년 일반상대성이론을 통해 언급합니다. 이 이론에서 그는 충분히 큰 질량이 충분히 작은 영역의 공간에 존재한다면, 모든 공간의 경로는 공간의 중심을 향하여 안쪽으로 휘어져, 모든 물체와 복사radiation가 안쪽으로 떨어지게 된다고 예측했습니다. 블랙홀을 설명하는 말이죠. 일반상대성이론은 블랙홀이 텅 빈 공간이며, 그 중심에 특이점, 외부 경계에는 사상의 지평선이 있다고 묘사하였는데, 현대 물리학인 양자역학이 새롭게 등장하면서 이러한 묘사는 바뀌게 됩니다.

호킹 복사, "블랙홀도 에너지를 방출한다"

이러한 변화의 가운데 바로 스티븐 호킹 박사가 있습니다. 즉 이제까지는 사상의 지평선을 넘어가면 어떠한 물체나 빛이 다시 나올 수 없다고 했지만 호킹 박사는 사상의 지평선 표면에서도 에너지가 외부로 복사될 수 있다고 했으며 이러한 현상을 호킹 복사라고 합니다. 그러니까 블랙홀에 일단 빠진 정보는 영원히 사라진다는 일반적인 이론을 뒤집고 블랙홀도 호킹 복사라는 에너지를 방출하며, 질량을 잃고 없어진다는 이론을 발표한 것이죠.

보통 블랙홀은 그 주위에 강한 중력장을 형성하여 빛을 포함한 모든 물질을 끌어당긴다고만 알려졌으나, 호킹 박사는 양자역학이론을 적용해서 작은 블랙홀들도 입자를 방출한다고 주장했습니다. 그러면 에너지를 방출하면서 자신의 몸을 태운 블랙홀도 사라지게 되는 거죠. 다시 말해서 블랙홀은 그저 닥치는 대로 먹어 치우고는 결코 다시 내뱉지는 않는다는 기존의 이론을 반박한 것입니다. 먹기만 하는 것이 아니라 일부지만 밖으로 방출하기도 하니 말입니다.

방출하는 호킹 복사를 좀 더 깊이 연구한다면 별을 비롯해 그동안 비밀에 싸여 있던 우주의 기원과 생성과정을 이해할 수 있을까요? 최근 우주의 미스터리가 하나둘 풀리고 있습니다. 호킹 박사는 20~30년 안에 그 비밀이 모두 풀릴 것으로 확신하고 있습니다. 블랙홀 연구가 중요한 것은 새로운 별이 탄생하고, 다시 늙어서 죽는 우주 천체들의 흥망성쇠의 비밀이 블랙홀이라는 중력이 아주 강한 우주의 한 공간의 작용에 의해 결정되기 때문입니다.

그러면 블랙홀이 강력한 중력장을 가진 천체라는 것은 알겠는데 왜 생기는 것일까요? 일반적으로 중력이 붕괴된 결과 생기는 것이라고 합니다. 무슨 말이냐고요? 점점 어려워지는 것은 같네요. 월터 설리번의 정의를 참고해 보죠.

"A black hole is an extremely dense* concentration* of matter equal in mass to millions or billions of suns. 블랙홀은 질량에서 수백만 개, 수십억 개의 태양과 맞먹는 물질이 최대의 밀도로 농축된 물질이다."

그러니까 그 밀도가 어느 정도인지는 모르겠지만 블랙홀은 엄청난 밀도를 갖는 천체라고 할 수 있죠. 블랙홀에 대해서는 수많은 설명을 담은 책들이 나와 있습니다. 더 자세한 이야기를 알고 싶다면 시중에 나와 있는 서적들을 참고하시는 것도 좋을 듯합니다.

---

dense 밀집한, 빽빽한. (안개 등이) 자욱한, 짙은. 머리 나쁜, 우둔한(=stupid). (문장이) 난해한. (물리) 고밀도의.
concentration 집결, 집중. (정신의) 집중, 전심전력, 집중력, 전념. 농축, (용액의) 농도.

기후변화 해결 없이 우주는 없다

2009년 호킹 박사가 아주 위독해 병원으로 후송됐다는 이야기가 보도된 적이 있습니다. 하지만 다행히 위기를 넘기고 회복했습니다. 장애를 딛고 일어서서 우리에게 우주의 신비를 알려 준 과학자가 좀 더 건강하게 오래 살아 많은 이에게 꿈과 희망을 전해주길 바랄 뿐입니다.

흔히 사람들은 근육이 마비되고 말도 못하는 루게릭병에 걸리면 오랫동안 살 수 없다고 이야기하고, 사실은 의학적인 차원에서도 그렇다고 합니다. 1942년생이라면 한국 나이로 올해 일흔인 그가 아마 지금까지 건강하게 세상을 살아왔던 것은 학문에 대한 애착, 그리고 우주에 대한 사랑 때문이라고 할 수 있을 것 같습니다.

핵무기와 환경을 염려한 과학자

우주론을 전공한 호킹은 누구보다도 지구를 사랑했고, 그래서 지구에서 사는 사람들에게 지구의 비밀을 알려 줄 수 있는 우주를 향해 가라고 역설했습니다. 사람들은 그의 인간적인 역설을 수긍하면서 그 아름다운 마음을 받아들였습니다.

호킹은 인류를 멸망에 이르게 할 핵무기 개발을 반대했고, 지구의 환경을 걱정했습니다. 그는 과학자들이 만들어 낸 과학적 성과에 일침을 가한 양심적인 과학자이기도 합니다. 과학을 한없이 사랑한 그가 과학의 산물인 지구온난화에 대해 어떻게 생각했는지 보도록 하죠.

"The danger is that global warming may become self-sustaining*, if it has not done so already. The melting of the Arctic and Antarctic ice caps reduces the fraction* of solar energy reflected back into space, and so increases the temperature further. Climate change may kill off the Amazon and other rain forests*, and so eliminate once one of the main ways in which carbon dioxide is removed from the atmosphere. The rise in sea temperature may trigger* the release of large quantities of carbon dioxide, trapped as hydrides* on the ocean floor*. Both these phenomena would increase the greenhouse effect, and so global

●
self-sustaining 자립[자활]하는, 자급자족의. (핵반응 등이) 자동으로 계속되는.
fraction 파편, 단편, 소부분. in a fraction of a second 1초의 몇 분의 1 동안에, 순식간에. (수학) 분수. a common[vulgar] fraction 보통 분수, a decimal fraction 소수.
rain forest (아마존이나 인도네시안 삼림과 같은) 우림 지역.
trigger 방아쇠. one's finger on the trigger 방아쇠에 손가락을 대고 있다. in the drawing of a trigger 별안간, pull[press] the trigger 방아쇠를 당기다〈at, on〉. 쏘다, 발사하다. 폭발시키다. (일을) 일으키다, 시작하게 하다, 유발하다.

warming further. We have to reverse[*] global warming urgently, if we still can. 지금까지는 그렇지 않았지만 지구온난화는 자기 멋대로 활동하면서 계속될 위험이 있다. 녹고 있는 남극과 북극의 얼음으로 인해 우주로 가야 할 태양에너지가 모여서 (지구의) 기온을 더 높이게 된다. 기후변화는 아마존과 우림雨林지역을 황폐화시킬 것이다. 그래서 이산화탄소가 대기 중에서 사라지는 그러한(기존의) 방법이 먹혀들어 가지 않을 것이다. 해양온도의 상승으로 인해 많은 양의 이산화탄소가 배출되며 대양저大洋底는 수소화물로 가득 찰 것이다. 이런 현상은 온실효과를 더욱 부추기고 지구온난화는 더더욱 진행될 것이다. 우리가 아직 할 수 있다면 빨리 지구온난화를 뒤집어야 한다."

- ABC 방송 인터뷰, 2006년

호킹은 핵무기에 대해서도 경고합니다. 핵무기의 위험성을 알고 있다면 행동해야 한다고 말이죠. 물론 그 행동은 정부는 물론 개인 모두에게 요구되는 덕목입니다.

"As scientists, we understand the dangers of nuclear weapons and their devastating effects, and we are learning how human activities and technologies are affecting climate systems in ways that may forever

hydride 수소화물.
ocean floor 대양저(大洋底). * 대륙사면에 연속된 넓은 해저지형으로 면적의 약 80퍼센트를 차지한다. 깊이는 4,000~6,000미터. 해령, 해저산맥, 해대, 해산 등으로 기복이 있다.
reverse 거꾸로의, 반대의, 상반되는(=opposite to). 이면의, 배후의, 뒤로 향한(반대 obverse). in reverse order 차례를 거꾸로 하여, 역순으로. reverse side of the medal 메달의 뒷면, 문제의 이면다른 면. (위치·방향·순서 등을) 거꾸로 하다, 반대로 하다, 뒤집다. (자동차를) 후진시키다. The car reversed out of the gate 그 차는 후진하여 문을 나갔다.

change life on Earth. As citizens of the world, we have a duty to alert the public to the unnecessary risks that we live with every day, and to the perils we foresee if governments and societies do not take action now to render nuclear weapons obsolete* and to prevent further climate change. There's a realization that we are changing our climate for the worse. That would have catastrophic* effects. Although the threat is not as dire* as that of nuclear weapons right now, in the long term we are looking at a serious threat. 과학자들로서, 우리는 핵무기의 위험, 그리고 그 파괴적인 효과가 무엇인지를 압니다. 그리고 우리는 인간의 행동과 기술이 지구상에 있는 생물체를 영원히 변화시킬 수 있는 기후변화에 어떤 영향을 끼칠 것인가를 압니다. (과학자가 아니라) 세계 시민으로 우리가 날마다 살면서 함께하는 불필요한 위험을 사람들에게 알려야 합니다. 그리고 만약 정부와 사회가 핵무기가 쓸모없도록 행동을 취하지 않고 기후변화를 막을 수 있도록 행동을 취하지 않는다고 생각한다면 그 위험을 알려 할 의무가 있습니다. 인식하건대 우리는 기후변화가 점점 나빠지고 있다는 것을 실감하고 있습니다. 대재앙의 효과를 가져올 것입니다. 우리는 현재 기후변화가 핵무기만큼이나 지독하지는 않을 것이라고 생각하지만 결국에 가서는 (기후변화가) 심각한 위협이 된다는 것을 알게 될 것입니다."

---

obsolete 진부한, 시대에 뒤진. 마모된, 닳아서 없어진. obsolete equipment 노후 설비. (생물) 발육 부진의, 미발육의, 퇴화한.
catastrophic 대변동의 큰 재앙의. 파멸의, 비극적인. 대단원의. 무서운, 무시무시한(=terrible). 비참한(=dismal). 음산한, 불길한.
dire (필요·위험 등이) 긴박한, 극단적인. 심한, 지독한.

스티븐 호킹

"기후변화 해결 없이 우주 없다"

호킹 박사는 이처럼 우리가 현재 안고 있는 기후변화, 그러니까 지구온난화가 핵무기만큼이나 대단한 힘으로 인류를 파멸에 이르게 할 것으로 생각하고 있습니다. 여러분은 환경, 기후변화, 지구온난화에 대해서 어떻게 생각하나요?

이렇게 생각하는 사람도 있습니다. 기후변화, 그러니까 지구온난화가 무엇 때문에 발생하는지를 과학자들이 알고 있으니 과학자들한테 그 문제를 맡기면 쉽게 해결될 것이라고 말입니다. 정말 그럴까요? 핵무기, 지구온난화의 문제를 과학자에게 맡기면 모든 문제가 풀리는 것일까요? 과학으로 만들어 낸 문제는 과학으로 풀어야 한다는 주장이 많습니다. 과연 그렇다면 호킹 박사는 왜 세계 시민으로서의 우리가 중요하다고 말한 것일까요? 다 함께 생각해 볼 문제입니다.

"미안하지만,
블랙홀 여행은 불가능"

　자연, 그리고 미지의 세계에 대한 인간의 호기심은 끝이 없습니다. 21세기 첨단과학이 그 속에서 탄생했으며 현재 많은 인류의 시선이 집중된 우주과학 역시 호기심과 상상력의 산물이라고 할 수 있습니다.

　인간은 한곳에 머무르지 않습니다. 한길로만 가면 편안할 텐데도 위험을 무릅쓰고 항상 샛길을 만들어 냅니다. 인간의 본능이죠. 따지자면 과학의 발전도 인간의 본성에 기인한다 할 수 있을 것 같습니다.

　우주 엘리베이터에 대한 생각을 처음으로 제안한 러시아 과학자 콘스탄틴 치올코프스키가 남긴 이야기입니다.

"The Earth is the cradle of humanity, but mankind cannot stay in the cradle* forever. 지구는 인간의 요람이다. 그러나 인류가 요람에만

●
cradle 요람, 유아용 침대(=cot). (문명 등의) 발상지(=birthplace). from the cradle 어린 시절부터, from the cradle to the grave 요람에서 무덤까지(=일생 동안). in the cradle 초기에, 어릴 적에. What is learned in the cradle is carried to the tomb (속담) 세 살 버릇 여든까지 간다. rob the cradle 훨씬 나이 어린 상대와 결혼[데이트, 사랑]하다, 아주 어린 선수를 스카우트하다. the cradle of the deep 바다(=ocean).

영원히 머무를 수만은 없다."

1903년 고등학교 수학교사였던 그는 지구의 자전으로 인해 발생하는 원심력을 이어서 엘리베이터를 만들 수 있다고 주장했습니다. 이름하여 우주 엘리베이터죠. 이 아이디어는 현재 상당한 진척을 보고 있다고 합니다. 상상력이 물씬 풍기는 창의적인 아이디어라고 할 수 있습니다.

"Some say that we should stop exploring space, that the cost in human lives is too great. But Columbia's crew would not have wanted that. We are a curious species, always wanting to know what is over the next hill, around the next corner, on the next island. And we have been that way for thousands of years. 사람들은 우주탐험을 멈추어야 한다고 주장한다. 인간이 거기에 쓰는 비용이 너무 많다고 주장한다. 그러나 컬럼비아호(우주왕복선)의 승무원은 그러길 바라지 않는다. 우리는 호기심이 많은 동물이다. 그래서 언제나 다음 산을 넘어가면 무엇이 있는지, 다음 모퉁이를 돌아가면 무엇이 있는지, 그리고 다음 섬으로 가면 또 무엇이 있는지를 알고 싶어 한다. 우리는 그러한 방식으로 수천 년 동안 살아왔다."

– 스튜어트 앳킨슨, 「뉴 마스(New Mars)」, 2003년

영국의 우주과학 저술가인 스튜어트 앳킨슨이 우주탐험의 정당성에 대해 한 이야기입니다. 우주여행은 생각만 해도 신이 납니다. 공상과학 소설이나 영화에서 보는 것처럼 우주선을 타고 미지의 세계를 여행한다는 것이 얼마나 흥분되는 일이겠습니까?

빛의 속도로 날아간다면?

그러나 결국 먼 우주로까지 여행을 떠나자면 아주 빠른 우주선이 필요하겠지요. 초음속 정도로는 그야말로 새 발의 피鳥足之血입니다. 불가능하다는 게 대부분의 지적이지만 빛의 속도(광속)만큼 빠른 우주선도 생각해 볼 수 있습니다.

그렇다면 5광년, 10광년 정도는 가능하겠지요. 그리고 아예 우주선속에서 모든 것을 생활한다고 가정한다면 20광년 거리에 있는 우주여행도 가능할 겁니다. 그러나 100광년, 1만 광년, 수십억 광년 떨어진 별이라면 문제가 있습니다. 빛의 속도로 날아가면 늙지 않으니 괜찮을 거라고요?

그래서 어떤 공상과학 소설가가 희한한 발상을 했습니다. 빛까지 빨아들일 정도로 빠른 블랙홀을 타고 여행을 한다면 수십억 광년 떨어진 아주 먼 우주의 별도 찾아갈 수 있다는 주장입니다. 다시 말해 블랙홀이 우주선이 되는 거죠. 정말 멋있는 상상입니다.

이 생각의 요점은 쉽게 말해서 이런 겁니다. 블랙홀이 빛을 포함해서 물체를 빨아들이면 내부를 통과해서 나중에는 그 물체를 배설할 것이라는 이야기죠. 터널이라고 생각하면 좀 쉬울까요? 그 입구가 블랙홀이고 터널 속, 즉 통로가 웜홀worm hole이 될 겁니다. 블랙홀로 들어가 웜홀을 지나 다시 출구인 화이트홀white hole로 빠져나오면 된다는 이야기입니다. 수학적인 계산으로는 가능할 법 해 보입니다. 그런데 이에 대해 호킹 박사가 아주 재미있는 지적을 했습니다. 물리학을 동원한 딱딱한 지적이 아니라 유머가 담긴 이야기입니다.

"I'm sorry to disappoint science fiction* fans, but if information is preserved, there is no possibility of using black holes to travel to other universes. If you jump into a black hole, your mass energy will be returned to our universe but in a mangled* form which contains the information about what you were like but in a state where it can not be easily recognized. It is like burning an encyclopedia. Information is not lost, if one keeps the smoke and the ashes. But it is difficult to read. In practice, it would be too difficult to re-build a macroscopic object like an encyclopedia that fell inside a black hole from information in the

science fiction 공상 과학 소설(SF, sci-fi). a gobbler of science fiction 공상 과학 소설을 탐독하는 사람.
mangle 난도질하다, 토막토막 내다. 엉망으로 만들다, 망가뜨리다(spoil).

radiation, but the information preserving result is important for microscopic processes involving virtual black holes. 공상과학 소설 애독자들을 실망시켜 미안한 이야기이지만, (블랙홀 속의) 정보가 보존된다면 블랙홀을 이용해 다른 우주로 여행하는 것은 불가능하다. 만약 당신이 블랙홀 속으로 뛰어들게 되면 당신의 질량에너지는 다시 우리의 우주로 돌아온다. 그러나 당신의 모습은 갈기갈기 찢겨져 도저히 알아볼 수 없는 형태로 돌아온다. 마치 백과사전을 불태우는 것과 같다. 정보는 남아 있겠지만 연기와 재가 돼 버린 것(백과사전)과 같다. 그래서 당신의 모습을 읽을 수가 없다. 사실 빛의 형태를 띤 정보로 블랙홀에 빠진 백과사전과 같은 거시적인 물체를 다시 만들어 낸다는 것은 불가능하다. 그러나 정보가 보존하고 있는 결과는 실질적인 블랙홀에 관련된 미시적인 과정을 이해하는 데 중요하다."

- 「블랙홀 내의 정보 상실(Information Loss in Black Holes)」, 2005년

좀 어려운가요? 자, 만약 머나먼 우주여행을 하기 위해 우리가 블랙홀로 들어갔다고 칩시다. 예를 들어 '아톰'이라는 우주선과 함께 말입니다. 그렇다면 어떻게 될까요? 우리의 몸이라는 형체는 파괴되겠죠. 아마 분자가 되고, 다시 원자, 그리고 소립자로 되지 않을까요?

그러한 소립자 속에 우리라는 인간의 정보는 남을지 모릅니다. 그러

나 단순히 소립자들을 한 데 놓는다고 해서 인간이라는 형체로 다시 만들 수는 없을 겁니다. 결국 블랙홀 속에서 여행자인 인간이 죽고 말 테니 블랙홀을 이용한 우주여행이 가능하겠느냐는 말이죠. 다시 말해 그러한 공상과학 소설은 나름대로 재미는 있을지 모르지만 과학적으로는 도저히 불가능하다는 것입니다.

블랙홀 여행은 불가능

블랙홀과 화이트홀을 연결하는 통로인 웜홀을 통한 여행은 수학적으로 생각할 때는 가능할지 모릅니다. 그러나 화이트홀이 실제로 존재한다는 것이 증명된 바가 없습니다. 또 블랙홀의 엄청난 힘 때문에 그 안으로 진입하는 물체는 모두 파괴돼 버립니다. 따라서 블랙홀 여행은 과학적으로 불가능하다고 합니다.

블랙홀에 일단 들어간 물질들은 원자 혹은 쿼크 정도의 입자 크기로 분해된다고 합니다. 그 정도의 작은 크기로 들어가서 다시 인간의 모습으로 돌아온다는 것은 당연히 힘든 일이겠죠? 눈에 보이지 않을 정도로 완전히 분해된 인간이 다시 살아온다는 것은 불가능한 일이니까 말입니다.

"신은 주사위 놀음을 한 게 분명해!"

앞서 블랙홀은 모든 것을 빨아들여 먹어 치우기만 하지 배설은 하지 않는 거대한 천체天體라고 이야기했습니다. "들어가는 곳은 있는데 나오는 것은 없다." 이것은 꼭 과학적으로 바라보지 않더라도 모순이죠. 그래서 스티븐 호킹은 이와 관련 재미있는 이야기를 던집니다.

"So Einstein was wrong when he said "God does not play dice." Consideration of black holes suggests, not only that God does play dice, but that He sometimes confuses us by throwing them where they can't be seen. 그래서 '신은 주사위 놀음을 하지 않는다' 고 한 아인슈타인은 틀렸어. 블랙홀을 생각해 보면 알 수 있지. 신은 주사위 놀음을 했을 뿐만 아니라 우리를 혼란스럽게 하려고 주사위를 보이지 않는 곳

으로 던져 버리기까지 했거든."

- 『시간과 공간의 본질(The Nature of Space and Time)』

"자연에는 일정한 법칙이 있다"

'아인슈타인과 신의 주사위 놀음' 많이 들어본 이야기죠? 그러면 아인
슈타인은 왜 "신은 주사위 놀음을 하지 않는다"고 한 것일까요? 여기서
신은 당연히 기독교적인 창조주를 이야기하는 겁니다. 왜 느닷없이 주
사위를 꺼낸 것일까요? 우선 아인슈타인이 한 말을 보실까요?

"I want to know how God created this world. I am not interested in
this or that phenomenon, in the spectrum of this or that element. I
want to know His thoughts; the rest are detailed. 나는 신이 세상을 어
떻게 만들었는지 알고 싶다. 나는 이러저러한 현상이나, 이러저러한 원
소元素의 스펙트럼에 관심이 없다. 나는 그의 생각을 알고 싶다. 나머지
는 자질구레한 것에 불과하다."

아인슈타인은 자연 또는 우주에는 어떤 일정한 법칙이 있다고 생각
했습니다. 자연현상이 어떤 힘에 의해 일정하게 움직인다고 생각하는

거죠. 따지자면 아인슈타인뿐만 아니라 모든 과학자들도 그렇게 생각합니다. 그래서 그러한 일정한 원리를 설명하기 위해 요즘 끈이론, 통일장이론과 같은 새로운 이론들이 등장하는 겁니다.

아인슈타인은 현상을 설명하는 일정한 원리나 이론이 있을 것이라고 믿었고 그게 신의 법칙이라고 생각했습니다. 신은 그 이론을 세우면서 일정한 법칙에 근거했지, 아무런 틀이나 공식에 의거하지 않고 주사위를 던져서 만들지는 않았을 거라는 이야기입니다. 일정한 인과관계가 아니라 확률에 근거한 양자역학이론이 마음이 들지 않아 입버릇처럼 이야기한 내용이죠. 그는 새로운 현대 물리학인 양자이론을 접하면서 놀라움을 감추지 못합니다.

"신이 갖고 있는 카드를 훔쳐보는 것은 어려울지 모른다. 그러나 양자역학에서 생각하는 것처럼 신이 주사위를 던지거나 텔레파시를 사용했다는 것은 조금도 믿을 수 없다. 차라리 신이 자연의 법칙이 전혀 존재하지 않는 세계를 만들었다고 한다면 믿을 수 있을 것 같다. 그러나 확률적인 법칙이 있다는 것, 다시 말해 신이 그때그때 주사위를 던지지 않으면 안 된다는 것을 나는 결코 믿을 수 없다."

자연현상에는 어떤 일정한 법칙이 있다는 아인슈타인의 굳건한 믿음이 담겨 있는 이야기입니다.

호킹 박사의 이야기로 돌아가겠습니다. 호킹 박사는 아인슈타인의 이 굳건한 믿음에 대해 이렇게 말합니다. "질량보존의 법칙과 같은 물리법칙이 전혀 통하지 않는 괴이한 천체 블랙홀을 보라. 이제는 신이 일정한 물리법칙에 의해서 우주를 만든 것이 아니라 그저 기분 내키는 대로 만들었다는 것을 직접 볼 수 있지 않은가? 그러니까 미안하지만 아인슈타인 박사, 당신의 주사위 놀음 주장은 틀렸소."

호킹 박사가 아인슈타인에 대해 언급한 다른 내용도 들어보실까요?

"Einstein is the only figure● in the physical sciences with a stature● that can be compared with Newton. Newton is reported to have said 'If I have seen further than other men, it is because I stood on the shoulders of giants.' This remark is even more true of Einstein who stood on the shoulders of Newton. 아인슈타인은 물리학에서 뉴턴과 비교할 만한 재능을 가진 유일한 인물이다. 뉴턴은 '내가 다른 사람보다 더 멀리 보았다면 그것은 내가 거인들의 어깨 위에 올라탈 수 있었기 때문'이라고 말한 것으로 전해진다. 이 말은 뉴턴의 어깨 위에 올라탄 아인슈타인에게도 해당한다."

●
figure (아라비아) 숫자, (숫자의) 자리. double[three] figures 두[세] 자리(의 수). get something at a low figure ~을 싼값으로 구매하다. a casualty figure 사상자 수. be a poor hand at figures 계산이 서투르다. 형태(=shape). be square in figure 형태가 사각형이다. (사람의) 모습, 사람 그림자, 풍채, 외관. a fine figure of a man 풍채가 당당한 남자, She has a slender[slim, trim] figure 그녀는 몸매가 날씬하다. (중요한) 인물, 명사. a prominent figure 거물, a man of figure 지위가 높은 사람. cut[make] a brilliant[conspicuous] figure 이채를 띠다, 두각을 나타내다.
stature 키, 신장(=height), 사물의 높이. small in stature 몸집이 작은, 작달막한. 진보, 발달, 재능, 위업. moral stature 도덕적 수준.

"뉴턴은 거인 어깨 위에, 아인슈타인은 뉴턴의 어깨 위에"

뉴턴의 명언 가운데 '거인의 어깨'라는 말이 나옵니다. 쉽게 이야기해서 뉴턴이 물리학에서 커다란 업적을 남길 수 있었던 것은 거인의 어깨에 올라가 남들이 볼 수 없는 먼 곳을 볼 수 있었기 때문이라는 거죠.

누군가 뉴턴에게 이런 질문을 던졌습니다. "당신은 어떻게 이렇게 위대한 발견과 저술을 할 수 있었습니까?"하고 물었더니 이렇게 대답한 겁니다. "그것은 갑작스러운 통찰력에 의한 것이 아니라 문제를 해결할 때까지 꾸준히 오랫동안 생각한 결과였다. 그리고 만일 내가 다른 사람보다 조금이라도 멀리 내다볼 수 있었다고 한다면 그것은 나에게 거인들의 어깨가 있었기 때문이다." 재미있는 대답이죠?

뉴턴은 그의 나이 46세인 1687년에 관성의 법칙, 가속도의 법칙, 작용과 반작용의 법칙, 세 가지 법칙을 명확히 공식화하여 과학사에서 가장 손꼽히는 책 『프린키피아』를 완성했습니다.

그렇다면 뉴턴에게 많은 도움과 영향을 준 거인들은 누구였을까요? 수많은 거인들 가운데 가장 중요한 인물들은 데카르트, 케플러, 갈릴레오였습니다. 뉴턴은 데카르트를 통해 해석기하학을 배웠고, 케플러에게 행성의 운동에 관한 세 가지 기본 법칙(타원궤도의 법칙, 면적 속도 일정의 법칙, 조화의 법칙)을, 그리고 갈릴레오로부터 관성의 법칙을 배웠습니다.

한 거인으로부터는 과학의 기초인 수학을 배웠고, 또 다른 거인으로부터는 천체물리학을, 그리고 다시 물리학의 기초를 배운 것이죠. 거인의 이야기가 반드시 과학에만 해당되는 이야기는 아닙니다. 여러분의 거인들은 누구인가요? 누구에게 무엇을 배우고 싶은가요?

"Both Newton and Einstein put forward a theory of mechanics* and a theory of gravity but Einstein was able to base General Relativity on the mathematical theory of curved spaces that had been constructed by Riemann while Newton had to develop his own mathematical machinery. It is therefore appropriate* to acclaim* Newton as the greatest figure in mathematical physics and the Principia is his greatest achievement. 뉴턴과 아인슈타인은 모두 역학이론과 중력이론을 내세웠다. 그러나 아인슈타인은 리만이 세운 곡면수학이론에 근거해 일반상대성이론을 만들었고, 뉴턴은 자신만의 수학이론을 개발했다. 그래서 수리물리학에서는 뉴턴이 가장 위대한 인물이며, 『프린키피아』는 그의 최대 업적이라고 할 수 있다."

호킹 박사는 뉴턴이 더 훌륭하다는 말을 하고 있네요. 혹시 아인슈타인이 너무 유명해서 질투하는 것은 아니겠죠? 또 뉴턴이 영국 과학자라서 편드는 것도 설마 아니겠지요?

---

mechanics 역학, 기계학. applied mechanics 응용 역학.

appropriate 적당한, 적절한, 알맞은, 어울리는(=fit). be appropriate for school wear 학생복으로 알맞다. 특유한, 고유한〈to〉. (동사) 독차지하다, 사용(私用)에 쓰다, 착복하다, 횡령하다. (돈 등을) 충당하다. appropriate a sum of money for education 돈을 교육에 충당하다. (예산의) 지출을 승인하다. The legislature appropriated the funds for the construction of the university library 의회는 대학 도서관 건립을 위한 자금의 지출을 승인했다.

acclaim 갈채[환호]하다. 인정하다. The people acclaimed him (as) king 민중은 환호 속에 그를 왕으로 맞이하였다. 명사 acclamation.

사실 과학사적인 차원에서는 호킹 박사의 지적이 맞는다고 할 수 있습니다. 과학자로서 세상에 모습을 처음 드러낸 인물은 뉴턴이라고 할 수 있죠. 그러나 뉴턴은 현대 과학에 미친 영향이 지대함에도 자신을 과학자로 여긴 적은 없었습니다. 뉴턴은 자신을 그저 지혜를 사랑하는 사람으로 여겼을 뿐입니다. 다시 말해서 자신을 철학자로 생각한 거죠. 라틴어로 운동의 법칙과 만유인력을 담은 저서, 호킹 박사가 언급한 『프린키피아』도 '자연철학의 수학적 원리Philosophiae Naturalis Principia Mathematica' 라는 부제를 달고 있습니다.

인류가 과학 시대에 들어선 것은 18세기 말, 산업혁명 후로 보는 게 대체적인 견해입니다. 철학에서 과학이 분리된 것은 고작 200년 남짓한 일에 불과합니다. '과학자'라는 단어가 등장한 것도 얼마 되지 않은 일입니다. 처음 등장한 것은 1840년 영국에서 자연철학자 윌리엄 휘엘이 사용하면서부터 시작됐는데 '지식'이나 '앎'이란 뜻의 라틴어 'scientia'에서 과학science이 나왔고, 여기에서 다시 과학자scientist라는 말이 나온 겁니다.

과학의 불모지나 다름없는 당시 스스로 수학이론을 개발해, 이를 다시 물리이론에 적용시켜 만유인력이론을 만들어 낸 뉴턴이야말로 훌륭한 과학자라는 이야기인 겁니다.

리만은 수학 역사상 최고 난제 중 하나로 꼽히는 리만 가설을 세운

저명한 독일 수학자입니다. 그런데 수학이나 물리학에서 차원이라는 말을 자주 사용합니다. 예를 들어 1차원은 선, 2차원은 면, 3차원은 입체, 4차원은 시간, 공간 같은 거죠. 그러나 수학적으로는 무한하다는 주장도 있습니다.

"Evolution has ensured that our brains just aren't equipped to visualize 11 dimensions directly. However, from a purely mathematical point of view it's just as easy to think in 11 dimensions, as it is to think in three or four. 진화론적으로 설명할 때 우리의 뇌 구조가 11차원을 직접 그려 낼 수 있게 돼 있지 않다는 것을 확인했다. 그러나 수학적으로 볼 때는 3차원이나 4차원을 생각하는 것과 마찬가지로 11차원으로 생각하는 게 쉽다.

- 「가디언」, 2005년

"종말론에서 벗어나라"

우리는 블랙홀이나 빅뱅 등의 이야기를 접할 때마다 그 언젠가 우주가 끝날 것이라는 우울한 소식을 접하게 됩니다. 때로는 행성끼리 충돌하거나 커다란 운석이 지구에 떨어져 모든 생명체가 죽을 것이라는 이야기도 듣습니다. 공룡이 사라진 것도 바로 그런 이유 때문이라는 이야기도 많지요. 그래서 사람들은 알게 모르게 종말론에 익숙해져 있습니다. 에너지와 식량이 고갈된다는 것도 그렇고, 종말론은 어디에나 있습니다. 그래서 예언서들이 등장하고 여기에 편승한 종교들도 기승을 부립니다.

시작이 있으면 끝이 있다는 것이 일반적 상식이라면 종말론은 당연한 것인지도 모르죠. 그렇다면 시작도 없고 끝도 없는 것이 있을까요? 있습니다. 원을 보면 끝도 없고 시작도 없죠.

빅뱅이 우주의 시작이라고 합니다. 그러면 빅뱅 전에는 뭐가 있었을까요? 뭔가 존재being가 있지 않았을까요? 그래서 저는 시작과 끝이 없는 것이 우주라고 생각해 봅니다. 우주는 무한대, 거기에 시작과 끝이라는 단어만 살짝 올려놓은 게 아닐까요?

"When I gave a lecture in Japan, I was asked not to mention the possible re-collapse of the universe, because it might affect the stock market. However, I can reassure anyone who is nervous about their investments that it is a bit early to sell: even if the universe does come to an end, it won't be for at least twenty billion years. 일본에서 강의했을 때, 우주의 종말에 대해서는 이야기하지 말아 달라는 부탁을 받았

다. 왜냐하면 주식시장에 영향을 줄 수도 있다는 것이다. 그러나 나는 투자한 주식에 대해 걱정하는 사람이 있다면 서둘러서 팔 필요가 없다고 확인시켜 주려고 했다. 우주가 종말을 고하는데 최소한 200억 년은 걸리기 때문이다."

무슨 말인지 아시겠지요? 우주가 없어지는 데 200억 년, 수천억 년이 걸리는데 그게 주식과 무슨 상관이 있습니까? "백 년도 못사는 인간이 왜 천 년의 근심을 갖고 살아가느냐?"라는 따끔한 충고가 담겨 있는 이야기입니다. 그리고 우주는 유한한 것이 아니라 영겁永劫의 시간만큼이나 무한하다는 이야기입니다. 그렇게 긴 시간을 가졌으면서 유한, 무한을 놓고 잡다하게 논쟁하지 말라고 일갈一喝하는 겁니다.

인간애로 무장한
진화론 전도사

리처드 도킨스

1941년 3월 26일~.

영국 옥스퍼드 대학교 뉴칼리지 교수로 동물행동학자이자 진화생물학자이다.

진화에 대한 유전자 중심적 관점을 대중화하고

종교적 신앙은 굳어진 착각에 불과하다는 주장을 담은 여러 저서를 집필했다.

Clinton Richard Dawkins

"기독교, 유신론?
웃기는 일이다!"

"What worries me about religion is that it teaches people to be satisfied with not understanding. 종교에 대해 내가 염려하는 것은 종교가 사람들에게 이해할 수 없는 것에 만족하라고 가르치고 있다는 점이다."

짧막하지만 대단히 도전적인 이야기죠? 1996년 영국 옥스퍼드 대학 동물학 교수, 과학저술가, 무신론자이기도 한 생물학자 리처드 도킨스가 영국 국영방송BBC에 출연해 종교와 과학에 대해 이야기하다가 내뱉은 말입니다.

21세기 가장 반기독교적인 과학자

클린턴 리처드 도킨스. 아마 역사상 그만큼 기독교에 강력한 반기反旗를

든 사람도 찾아보기 어려울 겁니다. 그것도 사변을 중요시하는 니체나 쇼펜하우어 같은 철학자가 아니라 과학자가 말입니다.

그는 과학자 가운데서도 동물의 유전자를 공부하는 생물학자입니다. 유전자와 생명체의 행동과의 관계를 연구하는 동물행동학자이자 진화생물학자죠. 그는 이런 배경을 바탕으로 기독교와 유신론적 세계관에 도전장을 던졌습니다. 기독교나 유신론적 세계관은 서구사상의 정신적 유산이라고 할 수 있으므로 그의 주장이 엄청난 파급력을 갖는 것은 당연한 일일지도 모르겠습니다.

대중을 끌어모으는 도킨스의 저술과 강연 때문에 기독교의 정체성이 도전받을 정도입니다. 다시 말해서 그의 과학적 무신론이 엄청난 파괴력을 발휘하고 있다는 겁니다. 한 과학자의 저서가 이처럼 서점가를 달군 적도 없습니다.

그는 독특한 과학적 이론으로서가 아니라 서양의 정신적 뿌리인 기독교에 항거하고 부정하면서 대단한 독설을 서슴지 않는 무신론자로 오히려 주목을 받고 있다고 해도 과언이 아닙니다.

도킨스는 명실공히 21세기의 가장 철저한 반기독교적 학자임이 틀림없습니다. 그러나 주목할 것은 엄청난 대중적인 지지를 받고 있는 과학자이며 대단한 대학의 교수라는 겁니다.

"Just because science so far has failed to explain something, such as consciousness, to say it follows that the facile*, pathetic* explanations which religion has produced somehow by default* must win the argument is really quite ridiculous. 과학이 이제까지 의식意識과 같은 것을 설명하지 못했다는 이유 때문에 종교가 책임감이라곤 전혀 없이 여태 만들어 온 그럴싸하고 연민의 정을 자아내는 설명들로 논쟁에서 이기려고 한다는 것은 정말 웃기는 일이다."

- 스티브 폴슨과의 인터뷰, 2006년

영국 성공회 신부이자 신학자인 알리스터 맥그래스는 도킨스를 '야만적인 반종교적 논객'이라 부르며 "기독교 신학을 전혀 모르는 embarrassingly ignorant of Christian theology" 문외한이라고 몰아붙였습니다.

기독교 문화권에서 오랫동안 살았기 때문에 자신은 '문화적 기독교인cultural Christian'에 불과하다는 도킨스는 맥그래스 신부의 지적처럼 신학을 잘 모르는 걸까요? 그렇다면 기독교 신학은 무엇일까요? 신부나 신학자만, 그것도 기독교에 아주 충실한 사람들만이 아는 것이 기독교 신학일까요?

만일 그렇다면 이렇게도 생각할 수 있지 않을까요? 도킨스가 신학을 잘 모른다고 친다면 맥그래스는 진화생물학이 무엇인지, 그리고 유전

---

facile 손쉬운(=easy), 힘들지 않은, 쉽사리 얻을 수 있는. a facile victory 낙승, a facile method 손쉬운 방법. (혀·펜이) 잘 돌아가는, 잘 지껄이는. a facile style (알기) 쉬운 문제, a facile pen 휘갈겨 쓴 솜씨 좋은 글씨, a facile mind 잘 돌아가는 머리. 경솔한(=hasty), 겉핥기식의.

pathetic 감상적인, 정서적인(=emotional). 애처로운, 연민의 정을 자아내는, 감동적인, 슬픈. a pathetic sight 슬픈 광경. (딱할 정도로) 서투른, 형편없는, 가치 없는. a pathetic return on our investment 투자에 비해 형편없이 적은 이익.

default 태만, 불이행(=neglect), (법에서) 채무 불이행. judgment by default 궐석 재판, in default by (지불·의무를) 이행하지 않고, in default of ~이 없을 때는. 의무를 게을리하다. default on a debt 빚을 갚지 않다. (시합에) 출장하지 않다, 기권해서 지다.

자가 인간의 마음을 결정하는 데 어떻게 작용하는지를 모르고 있는 게 틀림없겠지요? 어쩌면 이것이 바로 해묵은 과학과 종교와의 싸움이 지닌 본질일지도 모르겠습니다.

도킨스는 신을 믿는 사람들을 반계몽주의자로 쏘아붙이고, 미신으로 얼룩진 반동주의자들이라며 비난의 화살을 멈추지 않습니다. 그는 진지하고 생각이 깊은 사람에게는 무신론이 유일한 선택이라고 주장합니다. 또한 진정한 과학자는 무신론자라는 말도 서슴지 않습니다.

생각해 볼 문제입니다. 종교는 필요한 건가요? 종교에서 주장하는 많은 사실들이 맞는 건가요? 무신론자들은 나쁘고 신을 믿는 유신론자들은 선량하고 착한가요? 이러한 문제를 이제까지 역사는 어떻게 설명하고 있나요?

죽음은 행운이다

도킨스가 평소에 자주 주위 사람들에게 부탁하는 말이 있습니다. 자신이 죽으면 장례식에서 읊어 달라는 내용입니다.

"We are going to die, and that makes us the lucky ones. Most people are never going to die because they are never going to be born.

The potential people who could have been here in my place but who will in fact never see the light of day outnumber* the sand grains of Sahara. 우리는 죽게 될 것이다. 그러나 운이 좋은 일이다. 대부분의 사람들은 태어나지 않았기 때문에 결코 죽는 일도 없다. 나 대신 여기에 (이 세상) 태어날 수도 있었을 사람들, 그러나 앞으로 세상의 빛을 볼 수 없을 사람들의 수는 사하라 사막의 모래 알갱이보다 많다."

대단히 문학적이면서도 비장한 이야기죠? 도킨스는 생물학자입니다. 여기서 사람이란 정자精子를 뜻하는 말이기도 합니다. 죽는다는 것은 수백만 개의 정자들 가운데 선택받았기 때문에 가능한 일이라는 이야기죠. 생물학적으로 볼 때 정자 하나하나가 사람이라는 겁니다. 이어지는 대목을 좀 더 볼까요?

"Certainly those unborn ghosts include greater poets than Keats, scientists greater than Newton. We know this because the set of possible people allowed by our DNA so massively outnumbers the set of actual people. In the teeth of* these stupefying* odds* it is you and I, in our ordinariness, that are here. 사실 이렇게 태어나지 못한 유령들 가운데는 시인 키이츠보다 더 위대한 사람들도 있을 것이고, 뉴턴보다

●
outnumber ~보다 수적으로 우세하다, ~을 수로 압도하다. Women professors outnumbered their male colleagues by 3:2 여자 교수의 수가 3:2로 남자 교수를 넘었다.
in the teeth of ~의 면전에서, ~에 거슬러서. ~을 무릅쓰고, ~에 반대하여. John finds great pleasure in flying in the teeth of his father 존은 아버지에게 대드는 것에 큰 기쁨을 느낀다. We were rowing in the teeth of the wind 우리는 바람을 거슬러 노를 젓고 있었다.
stupefy 마비시키다, 무감각하게 하다. (충격·감동 등으로) 멍하게 하다, 깜짝 놀라게 하다.
odds 가능성, 가망, 확률. The odds are (that) he will come 아마 그는 올 것이다. It is within the odds 그럼직하다.

더 위대한 사람들이 있을 것이다. 우리는 이러한 사실을 안다. 왜냐하면 DNA를 통해 볼 때 이러한 사람들이 실제로 태어난 사람보다 많기 때문이다. 이러한 놀라운 확률 속에서 평범한 당신과 내가 여기(세상)에 있는 것이다"

부연하자면 수백만, 수천만 분의 1의 경쟁을 뚫고 이 세상에 나온 것이 바로 '나' 라는 인간이니 그러한 축복을 받고 살다가 스러져 없어진다는 것이 뭐가 그렇게 서운할 게 있겠느냐는 이야기입니다. 행운으로 생각하라는 거죠. 그리고 "한 생물 개체에 불과한 인간이 어떻게 탄생하고 죽는지 뻔히 알고 있는데 내 앞에서 감히 기독교니, 유신론이니, 그리고 창조론이니 하면서 까불지 말라"는 이야기도 포함된 것 같습니다.

도킨스는 우리 인간을 인간적인 차원이 아니라 생물학적인 차원에서 바라보고 있는 것이 확실합니다. 진화론적 차원에서는 그게 정답이겠죠? 이제 다시 진화론과 창조론의 재결투가 벌어집니다.

●
arguably 이론의 여지는 있지만, 거의 틀림없이. The air in El Paso is arguably the dirtiest in Texas 엘패소의 공기는 아마 텍사스 주에서 가장 오염되어 있을 것이다.
petty 작은, 사소한, 보잘것없는, 시시한. petty expenses 잡비, petty grievances 사소한 불만, petty considerations 고려할 필요 없는 사항. 좀스러운, 인색한. petty minds 편협한 사고, a petty person 좀스러운 사람. 열등한, 비열한. a petty revenge 비열한 복수.
control-freak 주변 일에 일일이 간섭하는 사람. *Freak: 변칙, 변종(變種), 진기한 구경거리, 괴물. 변덕, 일시적 기분(=caprice), 장난(=prank).
vindictive 복수심 있는, 앙심 깊은, 악의가 있는, 보복적인.
ethnic 인종의, 민족의, 인종[민족]학의(ethnological). 민족 특유의. ethnic music 민족 특유의 음악. 소수 민족[인종]의. ethnic Koreans in Los Angeles L.A.의 한국계 소수 민족. *ethnic(al)은 언어나 습관상으로,

"종교, 밖으로 표출되면 위험한 난센스"

"The God of the Old Testament is arguably* the most unpleasant character in all fiction: jealous and proud of it; a petty*, unjust, unforgiving control-freak*; a vindictive*, bloodthirsty ethnic* cleanser; amisogynistic, homophobic, racist*, infanticidal*, genocidal*, filicidal*, pestilential, megalomaniacal*, sadomasochistic*, capriciously* malevolent* bully*. 구약의 신은 모든 소설에서 어김없이 가장 불쾌한 인물로 등장한다. 시기심이 많고 거만하다. 쩨쩨하고 불공평하며 용서할 줄 모르며 일일이 간섭하려고만 한다. 복수심이 강하고 피에 목말라 있는 인종청소부다. 여성혐오자, 동성애혐오자, 인종차별주의자이며 영아살해범이다. 대량학살자, 자식학살자, 그리고 과대망상증 환자다.

racial은 피부나 눈 색깔·골격 등의 관점에서 주로 쓰임.
racist 인종차별주의자.
infanticidal 유아(영아) 살해의.
genocide 대량(집단) 학살. 어떤 인종·국민에 대한 계획적이고 조직적인 학살.
filicide 자식살해, 자식 살해자.
megalomaniac 과장하는 버릇이 있는 사람, 과대망상 환자.
sadomasochist 새도마조히스트, 사디즘과 마조히즘을 합쳐놓은 증상, 변태성욕자.
capricious 변덕스러운(fickle), 급변하는, 변하기 쉬운.
malevolent 악의 있는, 남의 불행을 기뻐하는(반대 benevolent).
bully 약자를 괴롭히는 사람, 골목대장.

또한 피(가)학성 변태성욕자로 변덕스럽고 자비심이라곤 전혀 없는 골
목대장이다."

– 「만들어진 신(The God Delusion)」

"신은 피에 굶주린 인종청소부"

사전에 나와 있는 나쁜 말들은 다 동원된 듯 보입니다. 이 정도면 그가
기독교에 반기를 든 철저한 무신론자이자 반기독교적 학자라는 것을
더 이상 길게 설명하지 않아도 충분히 알 수 있겠지요? 서양의 문화적
뿌리라는 기독교를 맹비난한 이 사람이 영국의 학자라는 것이 믿기지
않을 정도입니다. 특히 '피에 굶주린 인종청소부' 라는 대목은 살벌하
기까지 합니다. 왜 이런 표현을 썼는지 아시나요? 구약의 신 여호와는
자신이 선택한 민족인 유대민족을 위해 다른 민족(이집트인)을 무참하게
죽였기 때문이죠. 이는 기독교인이 아니더라도 이미 많은 사람들이 알
고 있는 사실입니다. 물론 이것을 다른 식으로 해석할 수도 있겠지요.

　아마도 역사상 인종청소부라는 말이 가장 어울린 사람을 꼽으라면
나치의 아돌프 히틀러가 1번일 겁니다. 유대인 때문에 우수한 게르만
민족의 혈통이 병들어 간다는 생각으로 유대인 멸종에 앞장선 독재자
였거든요. 히틀러는 유대인이 게르만의 피를 더럽히고 병을 옮기는 세

균이었고, 따라서 유대인을 학살하는 것은 게르만이 병든 부위를 알코올과 소독약으로 닦아내는 일과 같다는 생각을 했습니다. 병적인 생각이죠. 그로 인해 수많은 사람들이 목숨을 잃어야 했습니다.

그러나 최근 팔레스타인에서 벌어지고 있는 비극을 보면 참으로 아이러니하다는 생각을 하게 됩니다. 이스라엘의 유대인 역시 타 민족과 종교에 대해서는 잔인할 정도의 물리적 폭력을 행사하고 있기 때문입니다. 인종청소가 어떤 사악한 한 인물, 한 민족에 의해서만 이루어지는 것은 아님을 알 수 있는 대목이지요?

인종청소부는 또 있습니다. 역사적으로 보자면 아주 최근에 일어난 일이라고 할 수 있죠. 여러분도 들어봤을 겁니다. 바로 유고의 정치가 슬로보단 밀로셰비치입니다. 1989년 세르비아 대통령으로 선출된 사람으로 여러 민족이 혼재해 있는 유고 연방에서 세르비아의 민족주의를 부추겨 수차례 내전을 일으킴으로써 40만 명을 죽이고 알바니아 계통의 코소보 주민 80만 명 이상을 고향에서 쫓아내 난민으로 만든 장본인이죠. '발칸의 도살자'로 불리며 인종청소를 벌인 그는 결국 민중봉기로 실각하고 범죄혐의로 기소돼 감옥에서 살다가 2006년 사망했습니다.

유대교, 가톨릭, 이슬람교, 그리고 개신교의 뿌리라고 할 수 있는 성경의 하느님을 부정하는 정도가 아니라 인종청소부라고 비난할 정도면 21세기 최고의 반기독교적 지식인이라는 수식어는 전혀 과한 표현이라

할 수 없을 겁니다.

2001년 9·11테러가 일어났을 때 한 기자가 "종교와 관련해 세상이 앞으로 어떤 식으로 전개될 것 같은가?"라는 질문을 도킨스에게 던졌습니다. 이에 대해 그는 다음과 같이 대답했습니다. 종교에 대한 자신의 철학이 강하게 배어 있습니다. 또한 종교의 맹점을 통렬하게 꼬집고 있는 대목이기도 합니다.

"Many of us saw religion as harmless nonsense. Beliefs might lack all supporting evidence but, we thought, if people needed a crutch* for consolation*, where's the harm? September 11th changed all that. Revealed faith is not harmless nonsense, it can be lethally* dangerous nonsense. 많은 사람들이 종교가 (넌센스라고 하더라도) 해롭지 않은 넌센스라고 생각한다. 신앙은 그를 뒷받침하는 증거들이 부족하지만 우리는 위로 받을 수 있는 버팀목이 필요할 때 과연 (종교에) 어떤 해(害)가 있느냐고 생각하게 된다. (그러나) 9·11은 그러한 생각 모두를 바꿔 놓았다. 행동으로 나타나는 신앙은 해롭지 않은 넌센스가 아니다. 그것은 치명적으로 위험한 넌센스가 될 수 있다."

– 「가디언」, 2001년

---

crutch 목발. a pair of crutches walk on crutches 목발 짚고 걷다. 버팀목(=prop). 목발 짚다, 버팀목을 대다.
console 위로하다(=soothe), 위문하다(=comfort). 명사 consolation.
lethal 죽음의[에 이르는], 치사의. a lethal dose (약의) 치사량, lethal ashes 죽음의 재, lethal weapons 죽음의 무기(핵무기). 파괴적인, 치명적인(=fatal). The disclosures were lethal to his reputation 그 폭로는 그의 명성에 치명상을 입혔다.

"9·11테러, 종교가 해로운 난센스라는 사실 입증해"

종교의 필요성에 대해 첫 번째를 꼽으라면 누군가로부터 아니면 무엇인가로부터 위로받을 수 있다는 걸 겁니다. 예를 들어 죽음이나 공포와 같은 두려움이 생길 때 종교는 위로가 될 수 있지요. 그 외에도 유한한 인간에게 많은 위로를 줄 수 있습니다. 그래서 과학에 반하는 많은 사실을 안고 있지만 종교는 결코 해로운 것이 아니라는 생각을 하게 되는 거죠. 도킨스는 '해롭지 않은 난센스'라는 말을 쓰고 있군요.

그러나 그 종교적인 신념, 신앙이 행동으로 표출된다면 엄청난 위험으로 나타날 수 있습니다. 도킨스의 지적도 그러한 맥락에서 나온 것입니다. 종교적 신념이 위험으로 표출된 한 가지 예가 바로 9·11테러사건이라는 것이지요. 십자군전쟁, 마녀사냥, 유대인 학살 등도 이러한 맥락에서 단골 메뉴로 등장하는 사례입니다.

이런 식의 비판을 제기한 것은 도킨스만이 아닙니다. 말년에 종교에 귀의한 수학자 파스칼은 "사람이 종교적 확신을 가질 때 가장 철저하고 자발적인 악행을 저지른다"라는 말을 남겼습니다. 또한 "종교의 이름으로 저지른 악행에 대해 사람들은 수치감이나 죄의식을 느끼지 않는다"는 말도 있습니다.

이어지는 대목을 보실까요? 왜 신앙이 밖으로 나타나면 아주 위험한 난센스가 되느냐에 대한 이야기입니다.

"Dangerous because it gives people unshakeable confidence in their own righteousness. Dangerous because it gives them false courage to kill themselves, which automatically removes normal barriers to killing others. 표출된 믿음은 사람들에게 자기들이 옳다는 확고한 신념을 주기 때문에 위험하다. 또한 (믿음을 위해) 자살할 수도 있는 그릇된 용기를 심어주기 때문에 위험하다. 이는 자동적으로 죽여서는 안 된다는 일반적인 벽을 무너뜨리고 다른 사람을 죽이게 된다."

자살 폭탄 테러를 떠올려 봅시다. 정확하게 도킨스가 지적한 이야기와 맞아떨어지지요? 도킨스는 그래서 종교적 신념이 밖으로 표출될 경우 엄청난 위험으로 이어진다고 경고하고 있습니다. 이어지는 마지막부분을 볼까요?

"Dangerous because it teaches enmity* to others labelled* only by a difference of inherited* tradition. And dangerous because we have all bought into* a weird* respect, which uniquely protects religion from normal criticism. Let's now stop being so damned respectful! (종교는) 물려받은 전통의 차이 때문에 다른 딱지가 붙은 사람들에게 원한을 품도록 가르치기 때문에 위험하다. 또한 괴이한 존경심을 묵인하기

●
enmity 적의, 적개심, 악의(=ill will), 원한, 대립(=antagonism). at enmity with ~와 반목하여, have[harbor] enmity against ~에 대하여 앙심을 품다.
label 라벨, 꼬리표, 레테르. put labels on one's luggage 수하물에 점표를 붙이다. label a bottle 병에 라벨을 붙이다. label a trunk for Seoul 트렁크에 서울행 꼬리표를 달다. label a bottle 'Danger' 병에 '위험'이라는 라벨을 붙이다. (라벨을 붙여서) 분류하다(=classify).
inherit (재산·권리 등을) 상속하다, 물려받다. inherit the family business 가업을 물려받다. He inherited a large fortune from his father 그는 아버지로부터 많은 재산을 상속받았다. (육체적·정신적 성질 등을)

때문에 위험하다. 이는 상식적인 비판으로부터 종교만을 보호하려는 노력으로 이어진다. 그 저주스러운 존경심일랑 이제 걷어치우자!"

도전적이고 공격적인 발언이지만 결코 틀렸다고 말할 수 없는 이야기입니다. 실제로 인류는 종교로 인해 이유도, 영문도 모른 채 죽어간 수많은 사람들을 목격해 왔으니까요. 하지만 도킨스의 종교에 대한 비난은 단순히 정치·문화적 이유에서 비롯된 것만이 아닙니다. 동물학과 진화생물학을 공부한 그가 신의 존재에 대한 회의를 품는 것은 어쩌면 당연한 일이었을 테니까요. 바로 거기에서 종교에 대한 비난이 시작된 것이죠. 즉, 합리적 무신론이 반기독교 정서와 주장으로 이어진 겁니다.

물려받다, 유전하다. an inherited quality 유전 형질(形質). Habits are inherited 습관은 유전된다. inherit a weak heart from my mother 어머니로부터의 유전으로 심장이 약하다.
buy into ~을 받아들이다, 묵인하다, ~을 믿다, ~에 찬성하다. 주식을 사들이다. Twenty years ago we recommended that our clients buy into tennis 20년 전에 고객 여러분께 테니스를 투자 대상으로 추천해 드렸습니다.
weird 수상한, 불가사의한, 신비로운, 두려운, 섬뜩한, 무시무시한. a weird sound 기분 나쁜 소리. 기묘한, 이상한. a weird costume 이상한 복장. 불운, 마법, 전조, 예언. 마녀(=witch).

다시 등장한
'다윈의 불도그'

"In order not to believe in evolution you must either be ignorant, stupid or insane*. 진화를 믿지 않기 위한 방법이 있다. 그것은 당신이 무지몽매한 바보천치가 되거나, 아니면 정신 나간 미친 사람이 되는 것이다"

도킨스는 동물행동학ethology에 기반을 둔 진화생물학자기 때문에 진화론을 옹호하는 것이 당연합니다. 그러나 그의 '옹호'에는 반대 진영을 향한 '학문적인 독설'이 가득합니다. 그는 바로 그렇게 대중의 곁으로 다가왔습니다.

여러분은 도킨스 박사를 어떻게 생각하나요? 웬 무신론자가 진화론을 앞세워 종교에 대해 마구잡이로 덤벼든다는 생각을 하는지요? 아니

●
insane 제정신이 아닌, 미친, 광기의(=mad). 정신 이상자를 위한, 정신 이상자 특유의. an insane asylum [hospital] 정신 병원(=mental hospital). 미친 듯한, 어리석은, 몰상식한.

리처드 도킨스

면 20세기, 21세기가 낳은 신념과 용기로 똘똘 뭉친 대단한 과학자로 존경하고 싶은지요?

'학문적인 독설' 로 우리 곁에 오다

"If there is only one Creator who made the tiger and the lamb, the cheetah and the gazelle, what is He playing at? Is he a sadist who enjoys spectator blood sports? …… Is He maneuvering* to maximize David Attenborough's television ratings? 만약 호랑이, 양, 치타, 그리고 가젤을 만든 이가 오직 창조주 한 명뿐이라면 그는(창조주) 무엇을 하며 놀았을까? 피를 흘리는 스포츠 관람을 즐긴 사디스트였을까? …… 데이비드 아텐보로 작품의 텔레비전 시청률을 최고로 높이기 위해 노력하는 것은 아닐까?"

위에 언급된 '블러드 스포츠' 란 동물들이 피를 흘리며 죽어가는 것을 즐기는 스포츠를 말합니다. 사냥도 될 수 있지만 특히 소싸움, 닭싸움cockfighting, 鬪鷄, 개싸움dogfight, 鬪犬 등 동물끼리 서로 싸우게 하는 것을 말합니다.

아텐보로는 BBC 소속으로 자연이나 야생동물들을 대상으로 다큐

---

maneuver 책략, 술책, 공작, 책동(을 쓰다), 교묘한 조작. (군사) 작전 행동, 기동 연습.

멘터리를 만드는 작가입니다. BBC에 나오는 자연 다큐멘터리 가운데 이 사람의 작품이 많습니다. 상당히 유명한 작가로 원래 동물학자 출신 이죠.

아텐보로는 자연의 신비감, 자연의 매력을 통해 시청자를 사로잡습니다. 결국 도킨스의 의도는 이러한 자연은 창조주가 만든 것이니까 자신의 작품이 담긴 프로그램의 시청률을 높이기 위해 동분서주하는 것은 아닐까 하는 얘기로 기독교를 꼬집고 있는 것입니다. 어떤 내용인지 아시겠죠?

"If there is mercy* in nature, it is accidental*. Nature is neither kind nor cruel but indifferent*. 자연에 자비慈悲가 있다면 그것은 우연일 뿐이다. 자연은 결코 친절하지도, 그렇다고 잔인하지도 않다. 그저 무관심할 따름이다."

'다윈의 불도그' 라는 말 기억하시죠? 영국이 원산지인 불도그는 황소를 잡는 개로 알려질 만큼 성질이 용감하고 주인에게 충실합니다. 이는 진화론의 보급에 큰 영향력을 끼친 영국의 생물학자 토머스 헨리 헉슬리를 두고 하는 말입니다. 앞서 칼 세이건 부분에서 잠시 다루었던 이야기이지요.

●
mercy 자비(심), 인정, 연민의 정. I spared him out of mercy 나는 그를 가엾이 여겨 용서해 주었다. (재판관의) 사면의 재량권, (사형 예정자에 대한) 감형, 사면(의 조치). (놀람, 공포를 나타내는 감탄사로) 아이고, 이런, 저런! at the mercy of, at a person's mercy ~의 처분[마음]대로. without mercy 무자비하게. be grateful[thankful] for small mercies 그만하기로[불행 중] 다행이라고 안도하다.
accidental 우연한. an accidental death 사고사, an accidental fire 실화(失火), accidental homicide 과실 치

다윈은 원래 남 앞에 나서는 적극적인 성격이 아니었고, 평소 건강도 좋지 않아 병약한 마음을 갖고 있었죠. 그래서 그런지 자신이 주장한 진화론으로 인해 야기될 정치와 종교 세력과의 충돌을 처음부터 피하려고 한 게 사실입니다.

이러한 다윈의 대변자로 용감무쌍하게 나선 이가 바로 헉슬리입니다. 그가 진화론자 다윈의 적극적인 수호자로 활약한 가장 유명한 사건이 바로 1860년 6월 30일 옥스퍼드 대학에서 열린 영국학술협회 총회 모임으로 여기에서 입심 좋은 사무엘 월버포스 대주교를 보기 좋게 녹다운knock down시키죠. 이 진화론과 창조론의 대결투에서 헉슬리가 이기면서 대중들에게 진화론에 대한 확고한 이미지를 심어 주는 데 성공합니다.

앞에서도 소개했듯 월버포스 주교가 진화론을 조롱하면서 헉슬리에게 "원숭이가 조상이라면 당신의 할머니로부터 물려받은 것인가, 아니면 할아버지한테 물려받은 것인가?"라고 묻자 헉슬리는 "신은 그를 내손에 넘겨주었어!"라고 옆 사람에게 속삭이고는 일어서서 다윈의 이론을 명쾌하게 변호한 것이지요. 이 변호에서 가장 유명해진 말은 역시나 "진실을 대하기를 두려워하기보다 차라리 두 원숭이의 자손이 되는 편이 낫겠다"는 부분입니다.

헉슬리는 그 한마디로 월버포스 대주교를 KO패 시킨 겁니다. 이후

사, an accidental war 우발적인 전쟁.
indifferent 무관심한, 냉담한, 개의치 않는. be completely indifferent to popular opinion 민중의 소리에 전혀 귀 기울이지 않다. 중요치 않은, 관계없는, 아무래도 좋은⟨to⟩. Dangers are indifferent to us 위험 같은 것은 우리 안중에 없다. 치우치지 않는, 공평한, 중립의. (명사) 종교나 정치에 무관심한 사람, 윤리, 도덕적으로 신경 쓰지 않는 행동.

헉슬리에게는 아주 용감무쌍하며 주인에게 맹종하는 불도그의 이름을 따서 다윈의 불도그라는 이름이 붙었습니다. 물론 자칭한 것은 아니고 떠벌리기 좋아하는 언론이 붙인 이름입니다.

"다윈의 로트와일러"

도킨스에게도 비슷한 별명이 있습니다. '다윈의 로트와일러Darwin's Rottweiler' 입니다. 로트와일러도 개의 일종입니다. 원산지는 독일이고 키가 56~69센티미터, 그리고 평균 체중은 41~50킬로그램 정도입니다. 색상은 검은색 바탕에 양 눈자위 밑, 다리, 가슴, 그리고 입 주변에 황갈색 얼룩이 있습니다.

현재 세계에서 가장 힘이 세고 튼튼한 개로 인정받고 있는데 영리하고 집념이 악착같아 경찰견이나 경호견으로 널리 쓰이고 있습니다. 주인에게도 아주 충성스러워 번견番犬으로 그만입니다. 번견이 어떤 개냐고요? 번견이란 일반적으로 도둑을 지키거나 망을 보는 데 사용되는 개들을 총체적으로 일컫는 말입니다.

이 개들은 얼마나 대단했던지 유럽에서 전쟁이 빈번하게 일어났던 중세 시대 그 진가를 발휘했다고 합니다. 전투견으로 적진에 뛰어들어 적군들을 사정없이 물어뜯으며 공격해 그 명성이 자자했습니다. 심지어 전쟁이 무섭거나 지겨워 도망치는 병사들, 다시 말해서 탈영병들을 잡아내는 데도 한몫했다고 합니다. 이 개의 이름을 딴 '다윈의 로트와일러'가 도킨스의 별명입니다. 어떤 의미인지 쉽게 알 수 있겠지요?

진화론을 연구하고 주장하는 학자들이 많음에도 도킨스에게만 이러한 별명이 붙은 것은, 아마도 진화론에 대한 끈질긴 신념을 바탕으로 무신론을 앞세워 기독교를 맹렬하게 비난하고 있기 때문이 아닐까요? 다윈의 진화론을 맹공격했던 기독교의 주장을 반박하는 선봉에 다윈의 로트와일러 도킨스가 서 있는 것이죠. 마치 전쟁의 포화 속에서도 적을 물어뜯기 위해 적진으로 돌진했던 로트와일러처럼, 진화론을 지키기 위해서 말입니다.

"과학의 경이감,
인간 최고의 예술품"

"For the first half of geological time* our ancestors were bacteria.
Most creatures still are bacteria, and each one of our trillions of cells is a
colony of bacteria. 지질시대의 반이라는 세월 동안 우리의 조상들은 박
테리아였다. 대부분의 생물들은 박테리아였으며 수조 개에 이르는 우
리의 세포는 박테리아가 지배하는 식민지였다."

　우리 인간은 이 세상에 처음으로 등장한 박테리아라는 생물체의 식
민지 백성이었다는 이야기입니다. 그야말로 지구가 처음 생긴 태고 시
절부터 지금까지 모든 생명체가 진화에 의해 이루어졌다는 것을 강하
게 주장하는 내용이죠.
　과학적인 사고와 방법이 본격적으로 세상에 그 모습을 드러낸 것은

geological time 지질 시대(=geological age). *좁은 의미로는 가장 오래된 암석이 형성된 약 38억 년 전
부터 인류가 지구에 나타난 약 1만 년 전까지의 시기. 더 큰 의미로는 지구가 탄생한 뒤부터 지금까지를
말한다.

리처드 도킨스

불과 400년에 불과합니다. 그러나 그렇게 짧은 역사에도 오늘날 우리와 더불어 사는 모든 것에 강력한 영향력을 행사하고 있는 이유는 종교나 미신과 같은 맹목적인 믿음에 대해 이성적이고 논리적으로 대항할 수 있는 대안이었기 때문입니다.

도킨스는 자신의 종교만이 옳다고 주장하는 사람에게 가차없이 철퇴를 내리칩니다.

"Bush and bin Laden are really on the same side: the side of faith and violence against the side of reason and discussion. Both have implacable* faith that they are right and the other is evil. Each believes that when he dies he is going to heaven. Each believes that if he could kill the other, his path to paradise in the next world would be even swifter. The delusional "next world" is welcome to both of them. This world would be a much better place without either of them. 부시 대통령과 (오사마) 빈 라덴은 둘 다 똑같다. 이성과 논리에 저항하는 신앙과 폭력의 편에 섰다는 차원에서 말이다. 둘은 자신은 옳으며 상대방은 악惡이라는 무자비한 신앙심을 갖고 있다. 또한 둘은 죽으면 모두 천국에 간다고 믿고 있다. 또한 둘은 서로 상대방을 죽일 수 있다면 다음 세계의 천국에 이르는 길이 보다 빠를 것이라고 믿는다. 환상에 빠져 있는

implacable (적개심, 증오심 등이) 달래기 어려운, 화해할 수 없는. 준엄한, 무자비한. 양심이 깊은. an implacable enemy 인정사정없는 적.

'사후세계'는 둘 모두가 환영하는 곳이다. 만약 둘이 없어진다면 이 세상은 보다 나은 곳이 될 것이다."

"종교는 우리를 전쟁과 죽음으로 몰아넣어"

이 시대의 '과학전도사' 도킨스가 기독교 사회에 던지는 비난은 창조론이 그가 학문적으로 주장하는 진화생물학에 위배된다는 차원이 아니라 창조론에 바탕을 둔 기독교의 오만과 독선이 우리의 삶을 전쟁과 폐허로 몰아가고 있다는 생각이 더 강한 것 같습니다.

"I was reminded of a quotation by the famous American physicist Steven Weinberger, Nobel Prize-winning theoretical physicist. Weinberg said: 'Religion is an insult* to human dignity*. Without it, you'd have good people doing good things, and evil people doing evil things. But for good people to do evil things, it takes religion.' 미국의 유명한 이론물리학자로 노벨상을 받은 스티븐 와인버거 박사가 한 이야기가 생각난다. 와인버거는 이렇게 말했다. '종교는 인간존엄성의 모독이다. 종교가 없어도 좋은 일을 하는 좋은 사람을 만나게 되고, 나쁜 일을 하는 나쁜 사람을 만나게 된다. 하지만 나쁜 일을 하는 좋은 사람

insult 모욕하다, 욕보이다, ~에게 무례한 짓을 하다. He insulted me by calling me a fool 그는 나를 바보라고 부르며 모욕했다. 모욕(적 언동), 무례. a personal insult 인신공격, 손상, 상해. add insult to injury 혼내 주고 모욕까지 하다.
dignity 존엄, 위임, 품위. a man[player] of dignity 관록 있는 사람[선수], be beneath one's dignity 체면 깎이는 일이다. stand[be] upon one's dignity 점잔빼다, 뽐내다. the dignity of labor 노동의 존엄성, with dignity 위엄 있게, 점잔을 빼고.

이 있어야 할 경우, 그때 종교가 필요하다.'"

무슨 말인지 아시겠죠? 도덕 또는 사회규범으로 볼 때 나쁜 일을 한 사람은 당연히 나쁜 사람이고, 좋은 일을 한 사람은 당연히 좋은 사람이지 부시나 빈 라덴처럼 나쁜 짓을 하면서 좋은 짓을 한다고 생각하는 것은 바로 종교 때문이라고 비난하는 겁니다.

그래서 도킨스가 항상 주장하는 말이 있습니다. "만약 (사후세계를 약속하는) 종교가 없다면 인간세상은 무법천지가 될 것이라고 주장하는데 그것은 너무나 독선적이고 오만한 주장"이라는 거죠. 그는 오히려 무신론자가 종교를 믿는 유신론자보다 선하다고까지 주장합니다.

우리는 교통기술이 발달하고 정보통신, 특히 인터넷이 발달해 세상이 점차 좁아지는 지구촌 사회로 이행되면 종교, 민족, 그리고 정치적 이데올로기가 퇴색하리라고 믿었습니다. 그래서 첨단 과학기술로 인해 서로 다른 문명들이 해체되는 문명의 종말이 올 것이라고 생각했습니다. 그러나 아프가니스탄전쟁, 두 차례의 이라크전쟁, 9·11테러와 같은 참혹한 일들을 겪으면서 인간 깊숙이 뿌리 박혀 있는 종교적 아집과 독선이 얼마나 무서운지를 알게 되었습니다.

뿐만이 아닙니다. 히틀러의 유대인 학살에 비견할 인종학살을 코소보 사태에서 보았습니다. 세계 최고의 민주국가라는 미국에서 흑백 간의 갈등이 여전히 계속되고 있다는 것 역시 신문이나 방송매체를 통해 알고 있습니다.

그런데 만약 도킨스의 주장처럼 우리의 조상이 보잘것없는 박테리아이며, 또 파리, 나비, 모기와 같은 곤충이라고 생각한다면 인간은 과연 그렇게 서로 헐뜯고, 싸우면서 죽이는 잔인한 짓을 할까요? 또 꼭 그렇지는 않더라도 모든 생물이 진화의 역사를 걸었듯이 또한 우리 인간 모두가 무한히 먼 옛날 하등동물에서부터 시작해서 진화된 종種에 불과하다고 생각한다면 "너만 죽이면 나는 천국에 갈 거야" 하면서 사생결단으로 싸울까요?

아니죠. 인간은, 아니 인간만이 특별하다는 생각 때문에 그렇습니다. 또 거기에 더해 인종에 따라 특별하고, 종교에 따라 특별하다는 생각을 합니다. 유대교의 선민選民사상도 따지자면 다 같은 인간들이면서도 유독 '우리' 만 특별하다는 생각에서 나온 게 아니겠어요?

그래서 적어도 진화를 생각한다면 우리가 모두 더 나은 세상을 살고 있을 것이라는 게 도킨스의 주장입니다. 진화론은 살기 위한 몸부림이고 생존을 위한 투쟁struggle for survival입니다. 도킨스는 인간이 그러한 투쟁이 아니라 종교, 신앙을 위한 투쟁을 벌이고 있다고 꼬집는 겁니다. 다시 말해서 인간생존에서 '종교가 대관절 뭐기에?' 하고 말입니다.

인간 대 인간의 투쟁을 부채질하는 것이 종교이며, 그 중심에 뿌리가 같은 유대교, 이슬람교, 기독교가 있습니다. 그리고 또 그 가운데는 인간이 만들어 낸 창조주가 있고, 그 창조주는 '사후세계'라는 것을 들먹거리며 인간들끼리 서로 싸우도록 조장하고 있다고 도킨스는 비난하고 있는 겁니다.

과학의 경이감, 최고의 예술품
도킨스는 진화론을 좀 더 진지하게 숙고함으로써 더 이상 무모한 싸움판에 끼어들지 말라고 충고합니다. 꼭 과학자가 아니더라도 종교 운운하지 말고 과학의 경이로움에 젖어 보라고 권고합니다.

"The feeling of awed wonder that science can give us is one of the highest experiences of which the human psyche* is capable. It is a deep aesthetic* passion to rank with the finest that music and poetry can deliver. 과학이 우리게 선사할 수 있는 경이감은 인간의 영혼이 경험할 수 있는 최상의 경험 가운데 하나다. 그것은 음악이나 시가 우리에게 줄 수 있는 최고의 아름다움과 견줄 수 있는 깊고 아름다운 열정이다."

아름다운 말이죠?

---

psyche (Cupid가 사랑한) 미소녀 프시케, 영혼의 화신. (육체와 대비하여) 영혼, 정신(반대 corpus).
aesthetic 심미적인, 미적 감각이 있는. 풍취 있는, 우아한. 미학의, 미학 이론(사상), 미적 가치관, 미의식.

21세기의
혁명적 진화론자

"There is a river out of Eden, and it flows through time, not space. It is a river of DNA - a river of information, not a river of bones and tissues: a river of abstract instructions for building bodies, not a river of solid bodies themselves. The information passes through bodies and affects them, but it is not affected by them on its way through. (최초의 인류가 탄생했다는) 에덴동산으로부터 강이 흐른다. 강은 공간이 아니라 시간을 거쳐 흐른다. 그 강은 DNA 강이며 유전자(정보)의 강이다. 뼈와 세포조직의 강이 아니다. 또한 사람의 몸을 만들었을 거라는 추상적인 교훈을 주는 강이지, 정말로 사람을 창조했다는 강이 아니다. 정보는 육체를 통해 전달되며 육체에 영향을 미친다. 그러나 유전자 정보가 육체에 의해 영향을 받는 것은 아니다."

인간이 비록 뼈와 조직으로 이루어졌지만 세월을 거치면서 계속 이어져 내려오는 것은 유전자 정보라는 이야기입니다. 즉, 유대교를 비롯해 기독교, 이슬람교를 싸잡아 당신네들이 에덴의 후손이라는 것은 웃기는 소리라고 말하고 있습니다. 에덴동산이 주는 교훈은 일종의 상징적인 교훈이지 실제로 최초의 조상 아담과 이브를 만들었다고 믿는 것은 어불성설이라는 이야기이기도 합니다.

이런 주장들 때문일까요? 사람들은 찰스 도킨스를 두고 혁명적인 진화론자Revolutionary evolutionist라고 부릅니다. 진화에 대한 확고한 신념, 그로 인한 종교에 대한 무자비한 공격을 두고 하는 말이겠죠?

도킨스는 1941년 3월 26일 케냐의 수도 나이로비에서 태어났습니다. 영국 농무부의 관리였던 아버지 클린턴 존 도킨스가 2차 대전 중 당시 식민지였던 케냐에 발령받아 근무하게 됐기 때문입니다. 그는 8세가 되던 1949년에야 영국으로 돌아옵니다. 세상에 대한 호기심으로 가득 찼던 시기를 본국과는 동떨어진 아프리카에서 흑인들과 함께 보낸 거죠. 당시만 해도 흑인에 대한 차별이 굉장히 심했던 시기가 아니겠어요? 더구나 케냐는 식민지였으니까 더욱 심했겠죠. 아마도 그 속에서 기존에 교육받은 기독교, 다시 말해서 전통적인 영국성공회Anglican Church의 가르침이나 교리에 회의감도 생겼을 것이라고 생각해 봅니다.

사실 그는 "나는 왜 세속적인 휴머니스트가 됐나? Why I became a

secular humanist?"라는 내용을 주제로 오직 종교를 가져야만 휴머니스트가 될 수 있다는 종교인들의 주장에 대해 독설에 가까운 비난을 퍼부은 학자이기도 합니다.

앞서 이야기했듯이 영어에서 세속적이란 말은 방탕하고 음탕하고 나쁜 짓에 젖어 있다는 뜻이 아니라 종교에 얽매이지 않고 이성적이며 과학적이라는 뜻입니다. 도킨스는 자신이 이성과 지성을 갖춘 휴머니스트이지 맹목적인 종교인이 결코 아니라고 이야기하고 있는 겁니다.

"종교는 잘못 유도된 미사일"

기독교에 대한 비난으로 그가 즐겨 쓰는 말이 바로 "Religion is a misguided missile, 종교는 잘못 유도된 미사일이다"라는 말입니다. 미사일은 그야말로 폭발적인 파괴력을 가진 무기입니다. 그것이 잘못 유도된다면 어떻게 될까요?

그는 또한 교육을 대단히 중요시하는 학자입니다. 교육은 지성과 합리적인 사고를 가르치는 것이지 어떤 전설이나 신화가 던지는 이야기를 가르치는 것이 아니라고 강력하게 주장합니다. 다시 말해서 "우리 인간과 모든 생명체는 어떻게 탄생했을까?"라는 경이로운 문제를 호기심을 갖고 풀기 위해 애를 쓰는 것이 학문이지 "인간과 생명체는 이미

4,000년 전에 창조주가 다 만들었다"는 창조론이나 설계론은 결코 학문
이 아니며 또 교육적이지도 못하다는 것이 그의 한결같은 주장입니다.

종교적인 주장이 맞는다면 학문이 왜 필요하고 과학공부는 왜 필요
하겠느냐는 것이죠. 여러분은 그의 주장을 어떻게 생각하는지요? 도킨
스의 이야기를 좀 더 들어봅시다.

"If it's really true, that the museum at Liberty University has dinosaur
fossils which are labeled as being 3000 years old, then that is an
educational disgrace*. It is debauching* the whole idea of a university,
and I would strongly encourage any members of Liberty University
who may be here to leave and go to a proper university. 만약에 리버
티 대학의 박물관에 있는 공룡화석에 3,000년이 됐다는 딱지를 붙였다
는 것(소문)이 사실이라면 교육적으로 대단히 수치스러운 일이다. 한 대
학의 모든 사고를 더럽히는 일이다. 그래서 감히 말하건대 모든 관계자
들은 이 대학을 떠나 다른 적당한 대학으로 가라고 권하고 싶다."

2억 5,000만 년 전에 번성했던 공룡을 4,000~5,000년의 기독교의 역
사 속에 편입시키기 위해 3,000년이 된 것으로 둔갑시켰다면 그야말로
수치스러운 일이라고 지적하는 말입니다. 리버티 대학(리버티 신학교)은

●
disgrace 망신, 수치, 불명예. Her behavior has brought disgrace on her family 그녀의 행동은 가족에게
수치를 안겨 주었다(가족을 망신시켰다). The swimmer was sent home from the Olympics in disgrace 그
수영 선수는 올림픽에서 불명예스럽게 귀가 조처 당했다. There is no disgrace in being poor 가난한 것이
수치는 아니다.
debauch(주색으로) 타락시키다. (여자를) 유혹하다(=seduce), (마음 · 취미 · 판단 등을) 더럽히다. 주색
에 빠지다, 방탕하다. (명사) 방탕, 난봉. 방탕한 시절. 폭음, 폭식.

본래 침례교 학교로 기독교 전통과 이념이 아주 강한 곳으로 알려졌습니다만, 어떻게 교육기관인 대학에서 이런 일을 벌였는지 의문입니다.

하긴 공룡이 결코 존재하지 않았고 화석은 진화론자들이 종교를 파괴하기 위해 거짓으로 만들어 낸 허구라고 주장하는 사람도 있고, 심지어 그렇게 가르치는 학교가 우리나라에도 있다고 합니다. 이런 일들은 종교를 빌미로 인간의 이성과 지성을 말살시키는 행위라 할 수 있습니다. 도킨스가 종교에 반기를 든 것도 바로 그러한 점을 염려하고 있기 때문으로 보입니다.

리버티 대학의 공룡화석 이야기가 나온 김에 조금 더 이 문제를 들여다보기로 하죠. 우선 리버티 대학이 우리가 생각하는 것 이상으로 기독교 신앙을 강조하는 대학이라는 사실을 염두에 두기 바랍니다. 이 대학이 주식과 채권 등 돈에 얼룩진 스캔들로 인해 한때 언론의 주목을 받은 일이 있지만 이 내용은 그냥 넘어가기로 하겠습니다.

이곳에서는 지구상의 생물체의 출현을 종교적인 시각에서 본 이론인 '젊은 지구 창조론Young Earth Creation'을 가르칩니다. 또 그렇게 가르쳐야 합니다. 학교가 추구하는 확고한 이념이기 때문이죠. 만약 그렇지 않은 교수가 있다면 당연히 보따리를 싸서 물러가야 합니다. 물론 생물학 시간에 교수는 창조론과 함께 진화론도 가르칩니다. 그러나 창조론이 진화론보다 생물학적 다양성을 설명하는 데 보다 더 나은 이론이라고 가르쳐야 합니다.

1만 년도 안 된 매머드 화석?

알톤 무레이라는 지구과학자가 있습니다. 소위 '창조론자의 공룡 Creationist dinosaur'으로 널리 알려진 학자죠. "The fossils shout creation. 화석은 창조론이 맞다고 외친다"라는 주장으로 유명한 인물이기도 합니다. 스미소니언 박물관에 소속돼 있으면서 화석을 발굴해 전시하는 업무를 맡고 있던 그는 창조론에 부합되는 화석을 발견하고 그 화석을 창조론 박물관인 리버티 대학 박물관에 소장하도록 합니다.

창조론에 부합된 화석은 코끼리와 비슷하게 생긴 포유류로 멸종동물인 마스토돈mastodon이었습니다. 아마 매머드를 연상하면 될 것 같습니다. 4,000만 년 전의 동물이죠. 그런데 1만 년도 안 되는 완벽한 형태의 화석을 발견한 겁니다. 그래서 리버티 대학에 소장하게 됐고, 창조론의 증거 제1호로 등장하게 되었습니다. 이를 두고 도킨스는 '교육적 수치'라고 쏘아붙인 겁니다.

1991년 12월 기독교 창조학회에서 발간하는 저널 『창조 Creation』에 실린 내용입니다. 리버티 대학에서 지구과학을 가르치는 마르쿠스 로스라는 교수가 있습니다. 그런데 이 교수가 기독교적 시각으로 지구의 나이는 1만 년이며 성경의 역사는 옳다"라는 논문을 내놓습니다. 물론 그렇게도 할 수 있습니다. 문제는 지구의 역사를 창조론적 관점에서 다루었다는 데 있는 것이 아니라 교수가 되기 전 그가 학위를 받은 박사 논문과는 전혀 다른 논문을 냈다는 데 있습니다. 로스는 박사학위 논문에서 "많은 공룡을 비롯해 해양 파충류reptiles가 중생대 백악기Cretaceous 말인 6억 5,000만 년 전에 사라졌다"고 해 놓고서는 다시 저널 『창조』에는 "그렇지 않다"라고 발표했습니다.

당연히 "왜 박사논문과 지금 논문과 다르냐"는 질문이 던져졌습니다. 그러자 로스는 "박사학위를 받으려면 할 수 없이 '세속적인 과학'의 힘을 빌려야 하기 때문에 그런 논문을 쓸 수밖에 없었다"고 대답합니다. 그는 다시 "나는 어릴 때부터 젊은 지구 창조론을 믿었다. 세속적인 과학과 과학자들은 세속적인 과학(진화론)의 틀을 벗어나 연구를 하는 과학자의 말을 거의 들어주지 않았다"고 주장합니다.

그러나 주위에서는 그가 창조론을 이념 모토로 삼고 있는 리버티 대학에서 입신을 위해서 학문을 곡학아세曲學阿世하고 있다는 비난을 던지고 있습니다. 사실 그는 이 대학에서 대단한 입지를 굳힌 게 사실이고요.

과학문화와
대중화에 헌신하다

"Gravity is not a version of the truth. It is the truth. Anyone who doubts it is invited to jump out a tenth story window. 중력(또는 만유인력)이란 진리를 재해석한 것이 아니다. 중력 그 자체가 진리다. 만약 중력을 의심하는 사람이 있다면 10층 건물 창으로 뛰어내려야 할 것이다."

왜 이런 이야기를 하는지 아시겠죠? 우선 진리란 자연의 법칙이자 이치입니다. 과학이 바로 자연의 이치와 법칙을 발견하는 일입니다. 과학의 사명이죠.

만유인력이 눈에 보이지 않지만 진리이듯 진화론도 도킨스에게는 어느 누가 '딴죽'을 걸 수 없는 진리입니다. 따라서 진화론을 부정하는 것은 뉴턴의 만유인력을 부정하는 것과 마찬가지라는 생각에서 이런 말을 남긴 것이 아닐까요?

무신론자, 교육자, 반전운동가

그는 무신론자이지만, "그냥 마음껏 즐기다가, 그저 죽을 때가 되면 미련 없이 세상을 떠나세"라고 말하는 사람은 결코 아닙니다. 도킨스는 종교적 차원의 다음 세상을 믿지 않습니다. 그에게 무신론이란 철저한 진화론주의자를 상징하는 말입니다. 창조는 결코 진화와 양립할 수 없다는 것이 그의 철학이자 학문의 본체라고 할 수 있습니다.

대신 그는 교육지상주의자라고 해도 과언이 아닐 만큼 교육을 중요하게 생각합니다. 앞으로 이 땅에 발을 붙이고 살았던 고향 지구의 미래를 위해서 후세의 자손들을 열심히 가르치는 교육이 필요하고, 특히 과학교육이 중요하다며 앞장서고 있는 학자입니다. 이를 위해 모교인 옥스퍼드 대학에서 중요한 부서 가운데 하나라고 할 수 있는 과학문화 및 대중화Public Understanding of Science 부서를 떠맡아 이러한 과학문화와 교육 전파에 노력을 기울였습니다.

"훌륭한 과학자는 자신이 아인슈타인이 되려고 하는 사람이 아니라 많은 아인슈타인을 만들어 내려고 노력하는 사람이다"라는 그의 말이 피부에 와 닿습니다. 정말 훌륭한 교육자가 훌륭한 학생을 만들듯이 훌

---

grotesque 터무니없는, 말도 안 되는(불쾌하거나 모욕적일 정도로 이상함을 나타냄). a grotesque distortion of the truth 터무니없는 진실 왜곡, It's grotesque to expect a person of her experience to work for so little money 그녀 정도의 경력자가 그처럼 적은 돈을 받고 일하기를 기대하는 것은 말도 안 되는 일이다. 기괴한기이한(모습이 무섭거나 재미있게 이상함을 나타냄). a grotesque figure 기괴한 모습을 한 사람, tribal dancers wearing grotesque masks 기이한 가면을 쓴 부족의 무용수들.
abhorrent (~에게) 혐오스러운, (~의) 혐오감을 자아내는. Racism is abhorrent to a civilized society 인종차별주의는 문명사회에 혐오감을 자아낸다.
electorate (전체) 유권자. Only 70 percent of the electorate voted in the last election 지난번 선거에서는

륭한 과학 교육자가 훌륭한 과학자를 만들어 냅니다.

도킨스는 또한 평화를 사랑하고 전쟁에 반대하는 반전운동가이기도 합니다. 1970년대 베트남전쟁 반대운동에 나서 미국과 영국의 참전을 비판하는데 앞장섰지요.

도킨스는 1967년부터 1969년까지 미국의 UC버클리에서 동물학 조교수로 재직합니다. 이 시기 UC버클리를 비롯해 대학생들의 베트남전 참전 반대운동이 거세었는데 도킨스도 직접적인 행동가로서 반전운동에 깊이 개입했습니다.

"We've reached a truly remarkable situation: a grotesque* mismatch between the American intelligentsia and the American electorate. A philosophical opinion about the nature of the universe which is held by the vast majority of top American scientists, and probably the majority of the intelligencia generally, is so abhorrent* to the American electorate* that no candidate for popular election dare affirm it in public. If I'm right, this means that high office in the greatest country in the world is barred to the very people best qualified to hold it: the intelligencia, unless they are prepared to lie about their beliefs. To put it bluntly* American political opportunities are heavily loaded

전체 유권자의 70%만이 투표를 했다(=constituency). the power of the unwashed electorate 일반 유권자의 힘.
blunt 무딘, 뭉툭한. a blunt knife 무딘 칼, This pencil is blunt 이 연필은 뭉툭해. The police said he had been hit with a blunt instrument 그가 둔기에 얻어맞았다고 경찰이 말했다. (사람·발언이) 직설적인. She has a reputation for blunt speaking 그녀는 직설적인 발언을 잘하기로 유명하다. To be blunt, your work is appalling 직설적으로 말해서 당신 작품은 엉망이다. 문화(약화)시키다. Age had not blunted his passion for adventure 나이가 들어도 모험을 향한 그의 열정을 꺾이지 않은 상태였다. (끝을) 무디게(뭉툭하게) 만들다.

against those who are simultaneously* intelligent and honest. 우리는 진실로 중요한 상황에 이르렀다. 미국의 지성인들과 유권자들 사이에 괴상하리만치 이상한 부조화가 존재한다는 것이다. 미국의 최고 과학자들 대다수, 아마도 (과학자가 아닌) 대다수 지성인조차 지지하는 우주에 대한 이성적인 견해가 미국 유권자들에게는 혐오감을 자아낸다. 그래서 인기에 영합해야 하는 후보자들은 (알면서도) 그 사실을 공개적으로 확인하려 들지 않는다. 내가 주장하는 바가 옳다면, 세계에서 가장 위대한 국가(미국)의 (대통령, 국회의원, 주지사와 같은) 고위직은 그것(우주에 대해 이성적인 견해)을 주장하는 가장 자격이 있는 사람들에게는 돌아가지 않는다는 것을 의미한다. 다시 말해서 그들의 믿음에 대해 거짓말을 할 준비가 돼 있지 않은 지성인들에게는 말이다. 직설적으로 이야기해서 미국의 정치적 기회는 지성인과 정직한 사람들에게는 몹시 불리하게 돼 있다."

정치와 종교에 대한 도킨스의 이야기입니다. 그는 베트남전쟁에 대해서도 그렇고, 진화론이 정치적인 이유로 거부당하고 있는 미국의 현실을 안타깝게 생각하고 있습니다.

●
simultaneous 동시의. There were several simultaneous attacks by the rebels 반군들로부터 몇 건의 동시 공격이 있었다. Simultaneous equations (수학) 연립 방정식, simultaneous movements 동시 동작, simultaneous interpretations 동시통역(= coinciding, concurrent, synchronous).

"진화론 신봉자 대통령 될 수 없어"

미국 대통령 선거에 나온 후보 중 하나가 진정으로 "나는 진화론을 신봉합니다. 진화론은 과학적인 데 비해 창조론은 비과학적입니다"라는 말을 정직하게 공개적으로 이야기한다면, 그는 과연 대통령이 될 수 있을까요? 상원의원이나 주지사 후보로 나선 누군가가 TV 토론에 나와 "나는 솔직히 이야기해서 진화론이 자연의 법칙을 설명하는 정확한 이론이라고 믿습니다"라고 한다면 선거에서 승리할 수 있을까요? 진화론이 자신의 소신이라고 할 때 말입니다.

불리하긴 하지만 영국에서는 가능할지도 모르겠습니다. 그러나 미국에서는 어림없습니다. 도킨스는 바로 그 점을 꼬집고 있는 겁니다. 사람들은 종종 세계에서 가장 과학적이면서, 또한 가장 비과학적인 문화가 자리 잡고 있는 곳이 미국이라고 이야기하곤 합니다.

왜 정치인을 뽑을 때 사람들은 자기의 종교와 일치하는 사람들을 뽑으려고 할까요? 간단히 이야기해서 인간 내부에 있는 동질감, 소속감 때문이겠지요. 그러나 그 동질감이 인간의 이성을 가로막는 방해물이 될 수도 있다는 게 도킨스의 주장입니다.

여러분은 어떻게 생각하나요? 우리나라는 어떤가요? 종교에 의해서 이성이 무너지고 있는 경우는 없다고 생각하나요? 아니면 오히려 미국보다 더하다는 생각을 하나요?

"Religious people split into three main groups when faced with science. I shall label them the 'know-nothings', the 'know-alls', and the 'no-contests'. 과학이라는 문제에 부딪혔을 때 종교인들은 세 갈래로 나뉜다. 분류하자면, '아는 바가 전혀 없다', '모든 것을 알고 있다', '논쟁(씨름)하지 않겠다' 라는 것이다.

진화론으로 무장한 도킨스의 기독교에 대한 공격은 끈질기기 짝이 없습니다. 그래서 그는 한번 물면 절대 놓치지 않는 '다윈의 로트와일러' 라는 별명을 얻게 되었나 봅니다.

"The world and the universe is an extremely beautiful place, and the more we understand about it the more beautiful does it appear. It is an immensely exciting experience to be born in the world, born in the universe, and look around you and realize that before you die you have the opportunity of understanding an immense amount about that world and about that universe and about life and about why we're here. We have the opportunity of understanding far, far more than any of our predecessors ever. That is such an exciting possibility, it would be such a shame to blow* it and end your life not having understood

---

●
blow (입으로) 불다. You're not blowing hard enough 더 세게 불어야 해. The policeman asked me to blow into the breathalyzer 경찰관이 나에게 음주 측정기를 불어 보라고 했다. He drew on his cigarette and blew out a stream of smoke 그가 담배를 빨아들이더니 길게 연기를 내뿜었다. (바람이) 불다. A cold wind blew from the east 동쪽에서 찬바람이 불어왔다. It was blowing a gale 돌풍이 불고 있었다. move with wind[breath] (바람 · 입김에) 날리다, 날려 보내다. She blew the dust off the book 그녀가 책에 묻은

what there is to understand. 우리가 사는 세상과 우주는 아주 아름다운 곳이다. 알면 알수록 더 아름답게 나타난다. 이 세상, 이 우주에 태어난 다는 것은 그야말로 신나는 일이다. 우리 주위를 살펴보고, 그래서 죽기 전에 세상과 우주에 대해, 그리고 우리가 왜 여기에 있는지에 대해 많은 것을 이해할 수 있다는 사실을 깨닫는 것은 신나는 일이 아닐 수 없다. 우리는 과거 우리 조상들보다 훨씬 더 많이 이해할 기회를 갖고 있다. 이렇게 신나는 가능성이 있다. 그래서 그러한 가능성을 날려 보내 버리고 우리가 알아야 할 것이 무엇인지도 모른 채 세상을 마감한다는 것은 참으로 부끄러운 일이다."

"세상과 우주는 너무나 아름다운 곳"

도킨스는 오히려 무신론자가 자연과 우주를 사랑하며 생명에 대한 경외심을 갖는다고 주장합니다. 그는 무신론과 진화론을 같은 시각에서 바라봅니다. 진화론이야말로 세상의 이치를 명쾌하게 설명하는 진리라는 것이 그의 한결같은 철학입니다. 결국 진화론이라는 무신론은 창조론이라는 유신론과는 양립할 수 없으며 과학적 논쟁의 대상이 될 수 없다는 겁니다. 유有는 유고, 무無는 무이기에 둘 사이에 적당한 절충은 있을 수 없는 거죠.

먼지를 입으로 불었다. The ship was blown onto the rocks 그 배는 바람에 밀려 좌초되었다. Blow smoke rings 담배 연기로 도넛 모양을 만들다. (~에 돈을) 펑펑 쓰대날리다. He inherited over a million dollars and blew it all on drink and gambling 그는 100만 달러가 넘는 돈을 상속받았는데 술과 도박에 다 날렸다. (기회를) 날리다. She blew her chances by arriving late for the interview 그녀는 면접에 늦게 도착하는 바람에 기회를 날렸다.

날아다니는 스파게티가
존재할 확률

"If you want to do evil, science provides the most powerful weapons to do evil; but equally, if you want to do good, science puts into your hands the most powerful tools to do so. The trick is to want the right things, then science will provide you with the most effective methods of achieving them. 만약 악을 행하고 싶다면, 과학은 악을 행하는 데 가장 강력한 무기를 제공할 수 있다. 마찬가지로 선을 행하고 싶다면 과학은 그렇게 할 수 있도록 당신의 손에 강력한 도구를 안겨 줄 것이다. 묘책은 바른 일을 원하는 것이다. 그러면 과학은 그것을 성취하는 데 가장 효과적인 방법을 제공한다."

바이러스와 박테리아를 다루는 생물학자가 나쁜 마음을 먹는다면

리처드 도킨스

이것을 이용해 소위 생물학적 테러를 자행할 수 있을 겁니다. 도킨스의 주장처럼 원자폭탄보다도 더 강력한 무기입니다. 그러나 좋은 면으로 사용한다면 인간의 질병을 치료하는 훌륭한 수단이 될 수도 있습니다. 하지만 도킨스는 자신의 학문에 대해 어떠한 양보도 없을 만큼 철저하면서도 과학의 윤리와 도덕을 무엇보다 강조하는 학자입니다.

"The popularity of the paranormal•, oddly• enough, might even be grounds for encouragement. I think that the appetite for mystery, the enthusiasm for that which we do not understand, is healthy and to be fostered. It is the same appetite which drives the best of true science, and it is an appetite which true science is best qualified to satisfy. 이상한 일이지만 불가사의한 현상에 대한 인기는 용기를 얻는 기반이 될 수 있다. 우리가 알지 못하는 미스터리를 알고 싶어 하는 욕구나 그에 대한 열정은 건전하고 장려될 만한 것이다. 그것은 최고로 진실한 과학을 이끌어 내고자 하는 것과 똑같은 욕망이다. 또한 진실한 과학이 최대로 만족시킬 수 있는 욕망이기도 하다."

•
paranormal 과학으로는 설명할 수 없는, 초자연적인, 불가사의한. (명사) 초자연적 현상.
oddly 이상하게, 특이하게. She has been behaving very oddly lately 그녀가 최근에 행동이 아주 이상하다. oddly colored clothes 특이한 색상의 옷. She felt, oddly, that they had been happier when they had no money 그녀는 이상하게도 그들이 돈이 하나도 없을 때 더 행복했다는 기분이 들었다.

신이 존재할 확률?

신의 존재를 둘러싸고 도킨스가 BBC와 인터뷰할 때의 이야기입니다. 기자가 도킨스에게 이렇게 물었습니다. "교수님이 쓴 책을 읽다가 흥미로운 구절을 발견했습니다. 신이 존재할 가능성은 거의 없다고 쓰셨죠? 그렇다면 아주 조그마한 가능성은 있다는 건가요?"

그러자 도킨스가 이렇게 대답합니다. "물론입니다. 과학자라면 누구든 그런 가능성은 열어 두어야 합니다. 무엇이 존재하지 않는다는 것을 100퍼센트 증명하는 건 불가능한 일입니다. 다만 토르나, 제우스, 그리고 날아다니는 스파게티가 존재하지 않을 확률과 비슷할 뿐입니다."

대단한 이야기꾼입니다. 그리고 진화론을 신봉한 진화생물학자로 무신론에 대한 그의 고집이 얼마나 큰지도 알 수 있는 대목입니다.

토르Thor는 약간 생소한 이름인가요? 초기 대부분의 게르만 민족 신화에 등장하는 신입니다. 그리스의 제우스, 로마의 주피터에 해당하는 신이죠. 붉은 턱수염을 가진 위대한 무사이며 엄청난 힘을 소유한 중년의 신으로서, 해를 끼치는 거인 족들에는 준엄하게 대하지만 인간들에게는 자애로운 신으로 알려져 있습니다. 게르만과 바이킹족 신화에 등장하는 최고의 신인 오딘 다음으로 중요한 신으로, 어떤 전설에는 오딘의 아들로도 알려져 있습니다.

토르는 천둥이라는 뜻의 게르만어인데 토르 신을 연상시키는 가장 큰 특징이 바로 그의 쇠망치로 상징되는 벼락입니다. 묠리니Mjollnir라는 이름의 이 망치는 여러 가지 놀라운 능력을 갖추고 있었는데, 그 중 하나는 망치가 부메랑처럼 던진 사람에게 되돌아온다는 것입니다. '토르의 날Thor's Day' 이 목요일Thursday이 됐다는 것도 흥미로운 일입니다.

과학을 신봉하면서도 도킨스는 우리에게 과학자가 되라고 권하지는 않습니다. 그러나 과학적인 사고와 생각을 갖고 살아가라고 주문합니다. 그것이 바로 배운 사람이 가야 할 길이며 지성이 꽃필 수 있는 풍토라는 겁니다.

"You don't have to be a scientist - you don't have to play the Bunsen burner - in order to understand enough science to overtake your imagined need and fill that fancied* gap. Science needs to be released from the lab into the culture. 상상에 의한 필요를 충족하고, 또 그 간격을 메우기 위해서 반드시 과학자가 될 필요는 없다. 분젠버너(연소장치)를 갖고 놀 필요가 없다. 과학은 연구실에서 나와 문화 속으로 들어갈 필요가 있다."

우리는 이제까지 도킨스를 만나보면서 진화론으로 대표되는 과학과 종교가 서로 양립하기가 얼마나 어려운 일인지를 새삼 확인했습니다.

---

fancy 공상, 몽상, 상상력(=imagination), 환상(=illusion). Happy fancies of being famous 유명하게 되리라는 행복한 상상. 변덕(=whim). a passing fancy 일시적인 생각. I have a fancy that he will not come 그가 오지 않을 것 같은 예감이 든다. She fancies herself (to be) beautiful 그녀는 자신이 미인이라고 자부한다.

만약 생명의 기원이나 우주의 기원, 그리고 인류의 기원과 같은 아주 기초적인 과학을 종교에서 떼어 오고 종교는 도덕적이고 윤리적인 것만을 가르친다면 종교는 살아남을 수 있을까요? 과학의 중요한 부분을 하나의 기적이나 신화라는 종교적인 믿음으로만 국한하는 일을 가만히 두고 봐야만 하는 걸까요? 사람이 종교 없이 살 수는 없을까요?

유교가 과학과 마찰을 빚었다는 이야기를 들은 적은 별로 없을 겁니다. 불교도 마찬가지입니다. 이 두 종교가 과학과 마찰이 없는 것이 인간의 윤리와 도덕을 중시했기 때문으로 이해됩니다. 그 속에 과학이 물고 늘어질 수밖에 없는 창조론이나 우주, 생명 등의 기원에 대한 내용들을 담고 있지 않기 때문이죠. 또한 불가사의한 행적들이 등장하지만 그러한 내용들을 '사실' 이라기보다 '상징' 으로 받아들이는 문화가 정착돼 있기 때문이라는 생각을 해 봅니다.

예를 들어 불교에는 석가가 태어날 때 어머니 마야부인의 옆구리에서 나왔다는 이야기가 있습니다. 그러나 이것을 정말 그렇다고 생각하는 불교인들은 그렇게 많지 않을 겁니다. 상대적으로 동정녀 마리아에 대한 믿음은 너무나 강한데 말입니다.

도킨스를 마무리하면서 몇 가지만 지적하려고 합니다. 과학적 이론 scientific theory이라는 게 무엇이냐는 것이죠. 과학적 이론이란 어떤 사실들 facts을 설명, 해석하기 위한 생각의 집합체로 여러 가지 증거들을 통해 증명할 수 있어야 합니다.

그러나 창조론의 변형이라고 할 수 있는 지적 설계론 옹호자들은 이것을 증명할 수 있는 증거들을 제시하기보다 진화론이 잘못되었다는 증거를 제시해서 지적 설계론이 옳다고 주장하는 데 초점을 모으고 있다는 느낌입니다.

만약에 지적 설계론이 과학적 이론이라면 적어도 괜찮은 논문들이 유명한 과학저널에 실려야 합니다. 또 과학공동체 내에서 그에 대한 논쟁도 활발하게 이루어져야 합니다. 그러나 지금까지 개인의 주장을 담은 웹이나 책으로 나온 것은 많지만 논문이 있다는 이야기는 별로 들어보지 못한 것 같네요.

그러면 진화론은 정확하게 맞는 이론이냐? 그것은 아무도 모릅니다. 그러나 다만 이를 뒷받침하는 많은 과학적 증거들과 수천수만 편의 논문들이 나와 있습니다. 어느 과학자도 진화론이 고칠 수 없는 확고한 진실이라고 말한 적은 없습니다. 다윈의 진화론도 많은 과학자에 의해 수정 보완돼 왔습니다. 이 이론은 다른 확실한 증거가 제시되면 언제든지 고쳐질 수 있는 이론입니다. 이런 점을 두고 과학적 이론이라고 부른 겁니다.

근대 과학의 아버지라고 할 수 있는 뉴턴의 고전물리학도 20세기 접어들면서 아인슈타인의 상대성이론이 생기고, 복잡한 양자물리학이 탄생하면서 많은 모순점이 발견됐습니다. 이처럼 과학이론에도 만고불변이라고 할 수 있는 것은 없습니다.

사람에게는 차디찬 이성이 있는가 하면 뜨거운 가슴도 있습니다. 때로는 비이성이 이성을 이길 때도 많습니다. 종교가 비이성적이라고는 하지만 또 그 필요성을 부인하는 사람도 없습니다.

도킨스를 접하면서 과학 속에서 살고 있는 우리에겐 더더욱 과학과 종교에 대한 안목을 새롭게 다지는 일이 중요하다는 생각을 해 봅니다.

"Science is the great antidote* to the poison of enthusiasm and superstition. 과학은 광신과 미신의 중독을 치료하는 위대한 해독제다."

– 애덤 스미스, 「국부론」

---

antidote 해독제, 교정수단, 대책, 해결방법〈to, for against〉. Good jobs are the best antidote to teenage crime 좋은 일자리가 십 대 범죄를 예방하는 가장 좋은 교정수단이다.